BEI GRIN MACHT SICH IHR WISSEN BEZAHLT

- Wir veröffentlichen Ihre Hausarbeit,
  Bachelor- und Masterarbeit

- Ihr eigenes eBook und Buch -
  weltweit in allen wichtigen Shops

- Verdienen Sie an jedem Verkauf

Jetzt bei www.GRIN.com hochladen
und kostenlos publizieren

C. Ralfs

Die Auswirkung des Klimas auf die Vegetation

GRIN Verlag

Bibliografische Information der Deutschen Nationalbibliothek:

Die Deutsche Bibliothek verzeichnet diese Publikation in der Deutschen National-
bibliografie; detaillierte bibliografische Daten sind im Internet über http://dnb.d-
nb.de/ abrufbar.

Impressum:

Copyright © 2012 GRIN Verlag GmbH
Druck und Bindung: Books on Demand GmbH, Norderstedt Germany
ISBN: 978-3-656-73648-6

Dieses Buch bei GRIN:

http://www.grin.com/de/e-book/280420/die-auswirkung-des-klimas-auf-die-vegeta-
tion

Biogeographie

Die Auswirkung des Klimas auf die Vegetation

Hausarbeit

Inhaltsverzeichnis

1. Einleitung

Wie kein anderer Faktor wirkt das Klima auf die Vegetation ein. Das Leben wäre ohne die Kraft der Sonne nicht möglich, geschweige denn vorstellbar. Nun stellt sich die Frage welche Faktoren überhaupt zum Klima gehören und wie sie sich im Raum auf die Vegetation auswirken. Diese Fragen sollen in dieser Ausarbeitung näher beleuchtet werden, um Licht ins Dunkle zu bringen. Dabei sollen die Bodenstandortfaktoren Nährstoffe, Bodenfeuchte und Luft außerhalb dieser Betrachtung stehen.

Zunächst wird auf die Standortfaktoren für die Vegetation eingegangen. Anschließend werden die einzelnen Klimazonen der Erde vorgestellt. Es soll gezeigt werden, welche Charakteristiken die Vegetation in den einzelnen Klimazonen vorhanden sind.

2. Standortfaktoren für die Vegetation

Es werden über 400.000 bis dato unterschiedliche Pflanzenarten unterschieden. Diese wiederum werden. Diese lassen wiederum unterscheiden Samenpflanzen mit 240.000 Arten, Farne mit 10.000 Arten, Moose mit 24000 Arten, Pilze, Algen und Flechten mit 150.000 Arten. Die Samenpflanzen machen ca. 2/3 des Artenbestandes aus. Die Zahlen entsprechen nicht einer hundertprozentigen Genauigkeit, da in der Natur alles in Kreisläufen geschieht und neue Arten entstehen und alte vergehen können. Auch müssen diese Arten überhaupt erst vom Mensch entdeckt werden, bevor sie hier aufgelistet werden können (vgl. Klink 2008, S.15f).

Damit nun die verschiedenen Arten gedeihen können, bedarf es einigen grundlegenden Standortfaktoren. Desweiteren richtet sich die Artenzusammensetzung von Pflanzen auf einer bestimmten Fläche nicht nur nach den Standortfaktoren, sondern auch nach Unverträglichkeiten zwischen den Pflanzen sowie der Nahrungskette zwischen Pflanze und Tier. Nach Walter (1961) ist der Standort „die Gesamtheit der an einem Wuchsort auf ein Lebewesen einwirkenden Außenfaktoren". Für die Pflanzen ist nicht nur ein Standortfaktor entscheidend, sondern es fließen viele Faktoren in das Gedeihen und Vergehen einer Pflanze mit ein. Diese werden als direkt wirksame, also unmittelbar auf das Leben einer Pflanze Einflussnehmende, bezeichnet (vgl. Klink 2008, S.102f).

Auch bei den Pflanzen herrscht wie im derzeitigen Wirtschaftssystem eine Konkurrenz um verschiedene Standortfaktoren vor. Im Bereich der Biogeographie lassen sich direkte und indirekte Standortfaktoren unterscheiden. Direkte sind vor allem Licht, Wasser, , Boden, Nährstoffe, mechanische Einflüsse wie Wind, Tierverbiss und –tritt, Eistrieb und der Schwerkraft. Bei dem Boden ist dabei hauptsächlich der Kampf um den Raum gemeint. Die direkten werden durch die indirekten Standortfaktoren beeinflusst, wie z.B. durch das Mesoklima (regionale), die Lage des Standortes am Relief (Höhenlage, Hangneigung, Exposition), Bodeneigenschaften (Minerale, Art, Gefüge, Struktur, pH-Wert, sorptionsfähige Stoffe). Der Standort bestimmt also letztendlich die Anzahl der anzutreffenden Arten und die potenzielle Agrar- und Forstwirtschaftliche Nutzung. Das Zusammenwirken von Lebewesen und Umweltfaktoren wird schließlich als Ökosystem bezeichnet. Die Erde kann dabei als ein großes bezeichnet werden, mit durch klimatische Einflüssen jedoch unterschiedlich ausgebildeten Teilökosystemen in verschiedenen Räumen (vgl. Klink 2008, S.102f).

3. Klimatische Standortfaktoren

Im Folgenden sollen die Klimaspezifischen Klimafaktoren Licht, Wärme, Niederschlag, Luftfeuchte, Wind, Höhe und das Relief genauer untersucht werden. Die Standortfaktoren Wind, Höhe und Relief werden innerhalb der anderen klimaspezifischen Klimafaktoren eingegangen.

3.1 Licht

Das Licht auf der Erde ist in Raum und Zeit sehr unterschiedlich verteilt. Entsprechend ungleich ist auch die Vegetation verteilt. Die Ursache dafür ist die Kugelgestealt der Erde, ihre Erdrevolution, die Ekliptik sowie die Erdroation. Dadurch ergeben sich Unterschiede hinsichtlich der Sonnendauer und der damit zusammenhängenden Einstrahlungsintensität und –dauer. Desweiteren ergibt sich dadurch ein Jahres- und Tageszeitenklima (vgl. Baumhauer et al. 2008, S. 29f). Im Bereich des Äquators bis etwa 40° nördlicher und südlicher Breite herrscht ein Strahlungsüberschuss vor. Daraus ergibt sich ein ausgeprägtes Tageszeitenklima. Allerdings ergeben sich Abweichungen die die unterschiedliche Land-Wasser Verteilung. Auch hat der schwankende atmosphärische Wasserdampfgehalt sowie die Bewölkung Auswirkung auf die Strahlungsbilanz, da auch Land und Meer verschiedene Albedowerte aufzeigen. Weiter polwärts schließlich liegt dann ein immer weiter zunehmendes Strahlungsdefizit vor, mit zunehmenden Jahreszeitenklima (vgl. Lauer & Bendix 2006, S. 58f). Die folgende Abbildung zeigt dies noch einmal anschaulich.

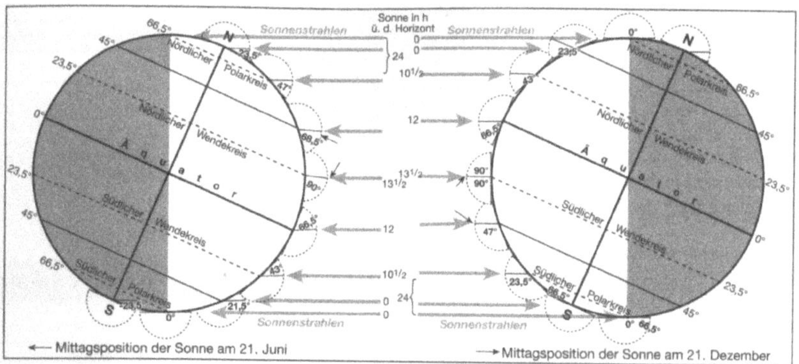

Abb. 1: Einfallswinkel der Sonnenstrahlung (Quelle: Baumhauer et al. 2008, S. 30)

Das Licht ist der sichtbare Anteil des Strahlungsspektrums. Der für den Menschen sichtbare Anteil liegt im Bereich von 400-780nm. Die folgende Abbildung veranschaulicht nochmal das vollständige elektromagnetische Strahlungsspektrum, welches von der Sonne ausgestoßen wird. Es setzt sich aus kurzwelliger (UV, sichtbares Licht, nahes Infrarot) und er langwelligen (thermales Infrarot, Mikro- und Radiowellen) zusammen. Augenscheinlich ist, dass davon nur der Bereich des sichtbaren Lichtes für die Photosynthese der Pflanzen verwendet wird (vgl. Lauer & Bendix 2006, S. 40). Abbildung 2 zeigt das volle Spektrum der elektromagnetischen Strahlung beginnend bei der Röntgen-Strahlung bis zur Radiowellenstrahlung. Für die Pflanzen ist jedoch wie bei den Menschen nur der Bereich des sichtbaren Lichts entscheidend.

Tab. 3.2: Das Spektrum der elektromagnetischen Strahlung

Bezeichnung			Wellenlänge [µm]
γ-Strahlung			$< 10^{-5}$
Röntgen-Strahlung			10^{-5}-0,100
UV-Strahlung	UV-C		0,100-0,28
	UV-B		0,280-0,315
	UV-A		0,315-0,400
Sichtbares Licht	violett		0,400-0,436
	blau		0,436-0,495
	grün		0,495-0,566
	gelb		0,566-0,589
	orange		0,589-0,627
	rot		0,627-0,780
Infrarot	Nahes IR	(NIR)	0,780-1,400
	Thermales IR	(TIR)	1,400-1.000
Mikrowelle			1.000-10^6
Radiowellen			$>10^6$

Abbildung 2: Das Spektrum der elektromagnetischen Strahlung (Quelle: Lauer & Bendix 2006, S. 40)

Die UV-Strahlung ist auch für die Pflanzen schädlich. Während UV-A Strahlung noch weitestgehen absorbiert werden kann durch eine aus Wachs aufliegende Schutzschicht an den Epidermiszellen. Diese nimmt die UV-A Strahlen auf und schützt so die Pflanze vor der schädlichen Wirkung. Das Problem dabei ist die Aufnahme der kurzwelligen UV-Strahlung durch die Proteine und die Kernsäuren (DNA & RNA). Dabei kommt es zur Schädigung bzw. Veränderung der Moleküle durch die mutagene Strahlung (Frey & Lösch 2010, S. 181).

Die spektrale Energieverteilung ist neben der Erdrotation und Ekliptik entscheidend für die Herausbildung der einzelnen Ökozonen. Ein Teil des Lichtes wird reflektiert, d.h. zurück gestrahlt sobald es auf ein Objekt auftritt. Ein anderer Teil wird absorbiert, d.h. von dem Objekt aufgenommen.

Tab. 3.3: Albedo im solaren Spektralbereich und Emissionsvermögen im thermalen Spektrum für verschiedene Oberflächen (Breitbandwerte nach OKE 1987)

	Albedo [%]	Emissionsvermögen [%]
Böden	5-40	90-98
Wüste	20-45	84-91
Grasflächen	16-26	90-95
Nadelwald	5-15	97-99
Laubwald	15-20	97-98
Wasser hochstehende Sonne	3-10	92-97
niedrigstehende Sonne	10-100	92-97
Schnee	40-95	82-99
Asphalt	5-20	95
Beton	10-35	71-90

Abb. 3: Albedo- und Emissionsvermögenswerte (Quelle: Lauer & Bendix 2006, S. 44)

Abbildung 3 zeigt für verschiedene Oberflächen die Werte. Während Schnee und Wasser relativ viel reflektieren, zeigen sich für die Vegetation Werte von durchschnittlich 5-30% der Strahlung. Der bis zur Oberfläche ankommende Anteil ist stark abhängig von den Molekülen der Atmosphäre, durch Wolken und Aerosolteilchen. Zudem können Baumkronen die ankommende Strahlung reduzieren. Die Reflektion ist auch abhängig von der Oberflächenbeschaffenheit der Blätter. Das sichtbare Licht sowie das nahe Infrarot können durch den Haarfilz oder auch die Wachsschicht an einem Blatt stark reflektiert werden. Hingegen können feine Epidermisstrukturen die Absorption wiederum fördern (Lauer & Bendix 2006, S. 40ff). Die nächste Abbildung veranschaulicht das soeben genannte am Beispiel eines Mischwaldes (oberes Bild) und einer Wiese (unteres Bild).

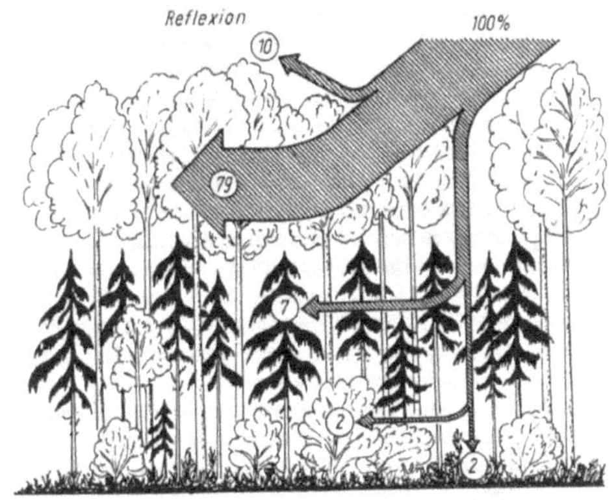

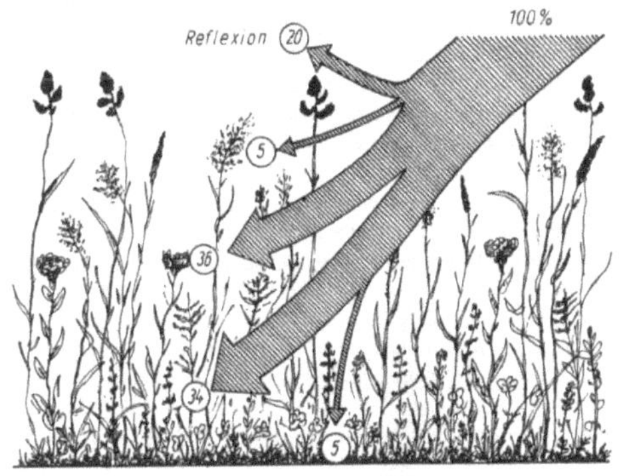

Abb. 4: Lichtverteilung in einem Wald und einer Wiese (Quelle: Klink 2008, S 114)

Es wird ersichtlich, dass nur 2% der Strahlung die Bodenoberfläche erreicht, ca. 89% werden bereits in den oberen bzw. unteren Baumkronen reflektiert. Durch die Jahreszeiten ergibt sich jedoch ein schwankender Lichteinfall. Dies ist vor allem für die Ausbreitung Licht- oder Schattenpflanzen entscheidend.

Hingegen tritt bei einer Wiese bereits über 30% in Bodennahe Schichten vor, was Lichtpflanzen begünstigt, die oftmals eben mindestens 30% Lichteinfall benötigen um zu gedeihen.

Der Wald absorbiert 79% des Lichts mit Hilfe der Kronenschicht und reflektiert 10% direkt wieder zurück. Nur insgesamt 11% kommen so in den unteren Stockwerken an. Diese Wiese wiederum weißt einen höheren Reflexionsgrad von 20% auf. Dafür kommt der Großteil der Strahlung auch noch am Bodennahen Bereich an. Die restlichen 5% werden schließlich noch von der Bodenschicht absorbiert.

Die Globalstrahlung bezeichnet die Strahlung die nach dem Durchgang der Atmosphäre noch den Boden erreicht. Dies kann ein Blatt oder auch der Boden sein. Sie besteht aus der direkten Strahlung und der diffusen kurzwelligen Strahlung (vgl. Frey & Lösch 2010, S. 173). Wie Frey & Lösch (2010) schreiben, ist in Bezug auf die Schwarzkörperstahlung „jeder Körper ein Sender und Empfänger", d.h. jeder emittiert Strahlung und gibt sie im physikalischen Sinne ab. So zum Beispiel bei der elektromagnetischen Strahlung, bei der Wärme abgegeben wird. Dies geschieht in Abhängigkeit von der Temperatur des Körpers. Die Sonne ist bekanntlich sehr heiß, deshalb ist das Maximum in den Bereich der kurzwelligen Strahlung verschoben. Die von der Erdoberfläche abgehende Strahlung ist langwellig. Für die Pflanzen ist die Nettostrahlung bedeutsam. Sie setzt sich zusammen aus *„der Summe aufgenommener direkter reflektierter und gestreut auftreffender kurzwelligen Strahlung, von der Atmosphäre und dem Boden reflektierter und gestreuter, vom Pflanzenorgan aufgenommene langwellige Strahlung und der von der Pflanze an die Atmosphäre und dem Boden abgegebene langwellige Strahlung."* (vgl. Frey & Lösch 2010, S.174) Etwa die Hälfte der Strahlung von der Sonne erreicht die Biosphäre unverändert. Der Blattflächenindex gibt an um wie viel Prozent die Blätter überdecken. Werte kleiner als 1 bedeuten, dass der Boden überwiegt. Werte größer 1 geben ein ausgeglichenes Verhältnis zwischen Vegetation und Boden an. Schlussendlich geben Werte über 1 eine Dominanz der

Blätter an. Dieser Wert ist wichtig für die Betrachtung der einzelnen Ökozonen, um einen Indikator zur schnelleren Analyse zu besitzen (vgl. Frey & Lösch 2010, S. 176f).

Licht hat verschiedene Aufgaben und Funktionen für das Gedeihen einer Pflanze. Zu allererst ist es für das Wachstum allgemein wichtig, auch hinsichtlich der Wuchsrichtung und der Geschwindigkeit. Die Pflanzen richten ihre Blüten im Tagesverlauf zur Sonne hin aus. Das hat bestäubungs-biologische Vorteile. Denn dadurch erhöht sich ihre Blütentemperatur. Desweiteren ist es ausschlaggebend für die Blüten- und Sprossbildung. Nicht zu vergessen ist auch die Struktur und Pflanzendecke (Schichtung). Das Licht bestimmt teilweise auch die Artenzusammensetzung, da Pflanzen um Licht konkurrieren (vgl. Klink 2008, S. 110). Der zentrale Prozess für die Pflanzen ist dabei die Photosynthese. Dabei wird Kohlendioxid und Wasser durch die Lichtenergie unter Zuhilfenahme des Chlorophylls zu Glukose umgewandelt. Die folgende chemische Summenformel gibt den genauen Prozess dabei wieder (vgl. Klink 2008, S.110):

$6\ CO_2 + 12\ H_2O$ + Lichtenergie (Chlorophyll) $\rightarrow C_6H_{12}O_6 + 6\ H_2O$ (vgl. Klink 2008, S.110).

Der für die Photosynthese nutzbare Anteil am Wellenspektrum liegt im Bereich von 380-710nm. Dieser Bereich liegt also im wesentlich im sichtbaren Bereich des Elektromagnetischen Spektrums. Dieser für Pflanzen nutzbare Bereich wird auch als Photosynthetisch wirksame Strahlung bezeichnet (vgl. Klink 2008, S.111). Die nächste Abbildung zeigt das Absorptions-, Transmissions- und Reflexionsverhalten der Strahlung auf einem Blatt. Auffallig ist die erhöhte Reflexion im grünen Bereich. Dadurch erscheinen auch die Blätter der Pflanzen grün. Die Reflexion ist im weiteren Verlauf immer weiter abnehmend. Hingegen steigt die Absorptionsrate mit steigender Wellenlänge.

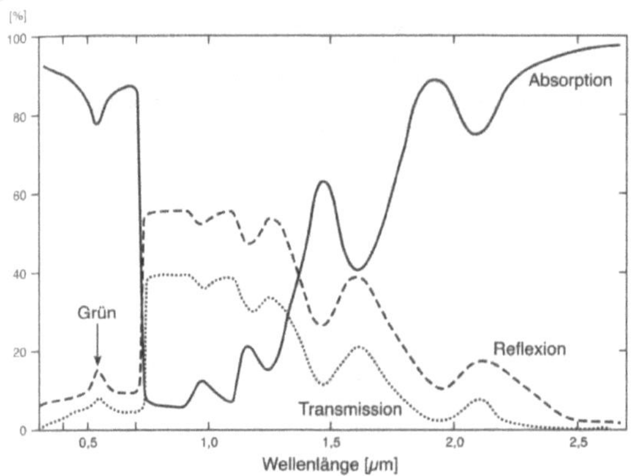

Abb. 5: Wechselwirkung elektromagnetische Strahlung mit einem Blatt (Quelle: Lauer & Bendix 2006, S. 43)

Die Aufgabe des Chlorophylls besteht im Wesentlichen in der Filterung der gelbroten und blaugrünen Anteile aus dem Lichtspektrum heraus. Es lässt dabei die grünen und dunkelroten Anteile passieren. Die Schattenblätter erhalten im Gegensatz zu den Sonnenblättern Quantitativ und Qualitativ weniger Licht (vgl. Klink 2008, S. 112). Als Folge der unterschiedlichen Lichtmenge haben sich Licht- und Schattenpflanzen gebildet. Durch Selektion hat eine Anpassung an die Jahreszeitlichen Lichtverhältnisse stattgefunden. Als Beispiele können hier die Frühlingsblüher (Frühlings-Geophyten) herangeführt werden, die im Bodennahen Bereich der Laubwälder blühen, bevor die Bäume ihre Blätter entfalten. Es lassen sich dabei verschieden Abstufungen nach dem Ellenberg'schen Zeigerwerten vornehmen. Diese nimmt eine Unterteilung der Pflanzen in stark Sonnenliebende und stark Schattenliebende vor. Dazwischen gibt es noch verschiedene Abstufungen (vgl. Frey & Lösch 2010, S. 178).

Eine weitere wichtige Eigenschaft bei der Belichtung ist die Zeit und Dauer, in Fachkreisen auch Photoperiodismus genannt.

Auch die Strahlungsintensität hat einen wesentlichen Einfluss auf die Keimvorgänge bei Samen. Es werden bei den Samenkeimern Licht- und Dunkelkeimer unterschieden. Lichtkeimer reagieren positiv auf Lichteinfluss, so sind die Keimvorgänge bei diesen darauf angewiesen. Ein heimisches Beispiel ist dabei die Hängebirke. Bei den Dunkelkeimern unterdrückt Licht die Keimung, d.h. sie benötigen einen Lichtgeschützten Ort (vgl. Klink 2008, S.110).

Ein weiterer Einfluss des Lichtes auf die Pflanzen zeigt sich hinsichtlich der Pflanzengestalt. Schatten fördert hier bei den Sprossachsen das Streckungswachstum in die Höhe. Das Ziel ist die Gipfelknospen ans Licht zu bringen. Es zeigen sich dabei Unterschiede zwischen Sonnen- und Schattenblättern. Beispielsweise liegen in einer Baumkrone durch die Schichtung der Blätter die äußeren Blätter in der Sonne. Das sind also die Sonnenblätter. Die darunter im Schatten liegenden Blätter werden als Schattenblätter bezeichnet. Sonnenblätter sind in der Gestalt eher klein und dick. Sie sind auch durch die stärkere Bestrahlung mit Licht stärker an Trockenheit angepasst. Augenscheinlich dafür ist eine dichtere Leitbündelstruktur und mehr Spaltöffnungen für die Transpiration an der Blattunterseite. Die Schattenblätter hingegen sind eher groß und dünn in der Form. Schattenblätterweisen zudem eine niedrigere CO_2 Abgabe auf als die Sonnenblätter (vgl. Walter & Breckle 1999, S.343).

Für die Struktur des Pflanzenbestandes ist die Lichtintensität entscheidend. Die Pflanzen passen sich dabei den lokalen Gegebenheiten an. Es wird zwischen vertikaler (Schichtung betreffend) und horizontaler (Artenverteilung betreffend) Struktur unterschieden (vgl. Klink 2008, S.110f).

Die Entstehung von Licht- und Schattenpflanzen resultiert aus der unterschiedlichen Beleuchtung. Deshalb versuchen die Pflanzen ökologische Nischen zu besetzen, um in den Genuss von Licht zu kommen. Markante Beispiele finden sich dafür im Tropischen Regenwald. Es gibt dort mehrere Baumstockwerke, sodass Schlinggewächse und Aufsitzerpflanzen begünstigt werden. Auch das Relief hat einen maßgeblichen Einfluss auf den Lichtgenuss. Dieses bestimmt auch maßgeblich den relativen Lichtgenuss.

$$\text{Relativer Lichtgenuss:} \quad L = \frac{\textbf{Lichtstärke am Wuchsort}}{\textbf{Lichtstärke des Tageslichts}} \quad \text{(vgl. Klink 2008, S.112)}$$

Der Photoperiodismus, d.h. die Länge von Tag und Nacht, nimmt einen erheblichen Einfluss auf die Pflanzen- und Blütenentwicklung. Es werden dabei Langtag- und Kurztagpflanzen unterschieden.

Langtagpflanzen stehen unter dem täglichen Lichteinfluss von 9-14 Stunden. Diese nutzen auch die geringe Strahlungsenergie am Morgen und am Abend zur Assimilation aus. Im Gegensatz dazu die Kurztagpflanzen in den Tropen und Subtropen, wo die Tage zwar eher kurz sind, dafür die Bestrahlung konstant ist. Eine dritte Gruppe stellt noch die tagesneutralen Pflanzen dar (vgl. Klink 2008, S. 115).

Zusammenfassend soll zum Ende dieses Abschnitts der Strahlungshaushalt dargestellt werden. Wie Lauer & Bendix (2006) schreiben, gilt die Bilanz der Solarstrahlung für die Tagesseite der Erde. Die Bilanz der terrestrischen Strahlung gilt aufgrund der Wärmeabgabe in der Nacht wieder für die komplette Erde. Der Strahlungshaushalt entspricht dabei dem ersten Gesetz der Thermodynamik. Nach diesem Gesetz muss so viel Energie rausgehen wie reingeht. Der Sachverhalt lässt sich mit der Strahlungsbilanzgleichung beschreiben:

$$S = (I+D)*(1-\alpha)-(A-G)$$

S= Strahlungsbilanz, I= Direkte Sonneneinstrahlung, D= Diffuse Sonneneinstrahlung, α=planetare Albedo, A=Terrestrische Ausstrahlung (Infrarot), G= Atmosphärische Gegenstrahlung (Infrarot) (vgl. Lauer & Bendix 2006, S.51f). Nach der Abbildung 6 kommen nur ca. 50% der ursprünglich ausgesendeten Strahlung von der Sonne auf der Erdoberfläche und bei den Pflanzen an. Wobei auch schädliche Anteile des Wellenspektrums direkt von der Atmosphäre gefiltert werden um für die Lebewesen geeignete Bedingungen zu schaffen.

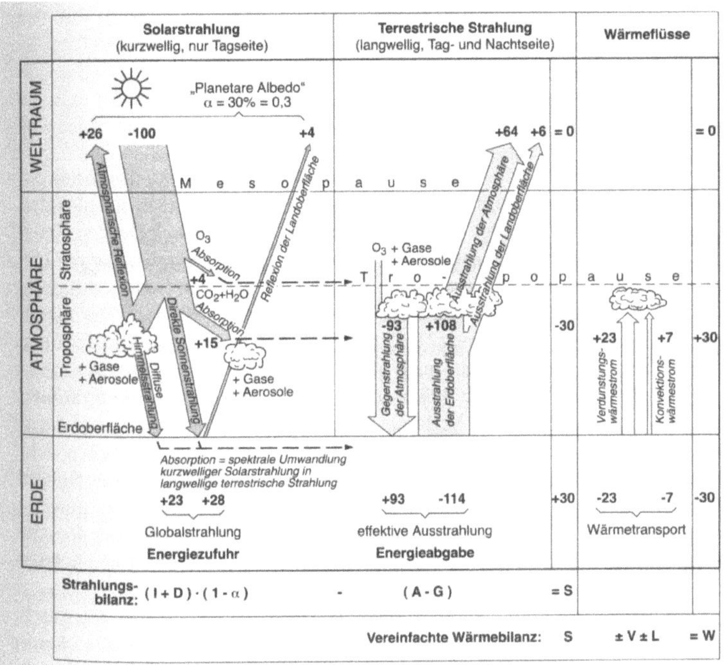

Abb. 6: Strahlungsbilanz der Erde (Quelle: Lauer & Bendix 2006, S. 51)

3.2 Wärme

Der nächste Faktor für die Pflanzenentwicklung ist die Wärme. Für alle Pflanzen gemein ist ein optimaler Bereich für das Wachstum. Bedeutend sind dabei die Tageszeiten- und Jahreszeitenklimate. Es gibt dabei artspezifische Werte für den Minimal- und Maximalbereich. Oftmals ist ein Mangel an Wärme über Gedeih und Verderb entscheidend (vgl. Klink 2008, S.115f).

Wärme wird prinzipiell in allen Wellenbereichen abgebeben, wobei der langwelligen Strahlung mehr zugerechnet werden kann als der kurzwelligen. Die Solarkonstante, d.h. die Sonneneinstrahlung an der Oberseite der Atmospäre, beträgt 1390W/m². Diese varriiert um etwa 3,5%, in Abhängigkeit von der Entfernung von Sonne und Erdeim Laufe des Jahres. Die konkrete Einstrahlung auf einer Fläche ist abhängig von der Geographischen Breite, der Höhe, der Exposition (Relief) sowie der Bewölkung (vgl. Frey & Lösch 2010, S. 173).

Negative Einflüsse nehmen dabei Hitze und Kälte. Der Hitzestress führt zu einer Membranschädigung und zu einer Eiweißdenaturierung bei einer Temperatur von über 40°C. Letztendlich würde dies zum Hitzetod der Pflanze führen. Diese haben jedoch für solche Situationen eine Schutzfunktion entwickelt. Sie schützen sich durch die Ummantelung mit abgestorbenen Teilen (Strohtumba), Haaren und Korkschichten. Diese Funktion stellt auch gleichzeitig ein Verdunstungsschutz dar (vgl. Klink 2008, S.116). Kältestress wiederum führt zu Erkältungserscheinungen (Temperatur noch über 0°C). Die Frostschäden treten bei Temperaturen unter 0°C auf. Gründe sind Eisbildung sowie Wasserentzug aus dem Protoplasma. Die Folge davon ist die Dehydrierung und die Schädigung des Enzymsystems. Die Pflanzen stehen jedoch nicht nur stur im Raum. Sie passen ihre Photosyntheseaktivität der Temperatur in der jeweiligen Klimazone an. So zum Beispiel beginnt in der Borealen Nadelwaldzone die Vegetationsperiode bereits ab 5°C. Hingegen herrscht in den Tropen durch das Tageszeitenklima eine ganzjährige Vegetationsperiode vor. Es wird dabei von 12 thermischen Vegetationsmonaten gesprochen (vgl. Klink 2008, S. 116). Ein Tageszeitenklima ist gekennzeichnet durch große Temperaturschwankungen zwischen Tag und Nacht. Die Schwankungen zwischen Winter und Sommer sind hingegen geringer (vgl. Baumhauer et al. 2008, S.30). Eine Schneedecke dient als Schutz vor Erfrieren und Vertrocknen. Für die Pflanze ist die Differenz zwischen der Tag- und Nachttemperatur entscheidend sowie der Einstrahlungsunterschied von Winter und Sommer. Zusammenfassend wird dies als die thermische Bilanz bezeichnet. Extreme Temperaturabweichungen sind dabei entscheidender als die Mittelwerte der Temperatur (vgl. Klink 2008, S. 116).

Es erfolgt ein thermischer Ausgleich durch den Wärmetransport mit Hilfe von Luftmassen und Meeresströmungen. Erstaunlicherweise werden nur 3% der Strahlung für die Photosynthese verwendet. In Hochgebirgen können Pflanzen an sonnenexponierten Hängen durch eine geringere Trübung der Luft eine höhere Strahlungssumme empfangen. Der Grund dafür ist der kürzere Weg der Strahlung durch die Atmosphäre. Mit steigender Meereshöhe nimmt auch die Einstrahlungssumme zu (vgl. Klink 2008, S.117). Allerdings ist es durch den Wind und einer trockeneren und dünnen Luftschicht trotzdem kälter. Ein nicht unerheblicher Anteil der Strahlung geht auch wieder über die Ausstrahlung verloren (vgl. Klink 2008, S.118).

In den Höhenlagen der Alpen herrscht eher ein Tageszeitenklima, wohingegen in den hohen Breiten eher ein Jahreszeitenklima vorherrscht (vgl. Klink 2008, S. 125). Das Jahreszeitenklima weißt ausgeprägte Jahreszeiten und deutliche Unterschiede in der Tag- und Nachtlänge auf. Das extremste Beispiel dafür ist der Polartag bzw. die Polarnacht mit einer Dauer von bis zu 6 Monaten (vgl. Baumhauer et al. 2008, S. 29f). Die nächste Abbildung veranschaulicht die Auswirkung der Höhe auf den Baumbestand, exemplarisch dargestellt für die Alpen.

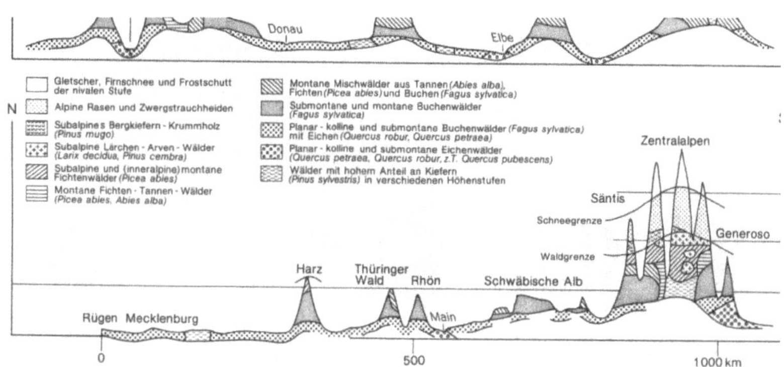

Abb. 7: Vegetationsprofil durch Mitteleuropa (Quelle: Klink 2008, S. 127)

Dabei zeigt sich eine markante Häufung im oberen Teil der Abbildung von Fichten, Tannen und Buchenbeständen. Auch im unteren Teil der Abbildung zeigen sich ausgeprägte Buchenbestände. In den höheren Lagen der Alpen auch alpine Rasen und Zwergstrauchheiden. Wenn die Auswirkung des Klimas auf die Vegetation untersucht wird, ist die Phänologie ein geeignetes Hilfsmittel. Diese gibt einen Hinweis auf die thermischen Standortverhältnisse. Die Phänologie beschäftigt sich mit markanten Merkmalen einer Pflanze wie Blüte, Blattentfaltung, Fruchtreife, Laubverfärbung und Laubfall. Diese werden beobachtet und es wird festgehalten wann diese jeweils eintreten. Aus den gewonnen Daten werden schließlich Isochronenkarten erstellt. Diese geben dann noch einmal visuell Auskunft über den jeweiligen Entwicklungsstand einer Pflanze. Das Ziel dabei ist im Raum günstige Orte für die jeweils zu untersuchende Pflanze festzustellen. In der Praxis kommt sie in der

Landwirtschaft zum Einsatz, um den Zeitpunkt der Aussaat zu bestimmen (vgl. Klink 2008, S. 128f).

Die Höhe ist dabei auch ein entscheidender Faktor. Generell wird durch die Betrachtung des Höhengradienten ersichtlich, dass pro 100 Höhenmeter die Vegetationsperiode um 3-4 Tage verzögert eintritt (vgl. Klink 2008, S.131).

3.3 Wasser

Wasser ist ein entscheidender Faktor wenn es um die Beschreibung unseres Klimasystems geht. Nicht umsonst wird die Erde auch „der blaue Planet" genannt, denn zu immerhin 72% ist unsere Planetenoberfläche von Wasser bedeckt. Wasser ist ein Grundstein für die Lebensentwicklung, denn *„die Verfügbarkeit, ein Überangebot oder Mangel an Wasser legen fest ob und welches Leben entstehen kann."*(vgl. Beierkuhnlein 2007, S.36)

Relevant für die direkte Beeinflussung der Vegetation ist vor allem das den Pflanzen verfügbare Wasser in Atmosphäre, Flüssen, Seen und den Pflanzen und Tieren. 97% des Wasservorkommens auf der Erde bestehen aus Salzwasser und nur 3% liegen als Süßwasser vor. Das Süßwasservorkommen verteilt sich zu 69% auf Eisvorkommen an den Polen, zu 30% auf das Tiefengrundwasser und zu nur einem Prozent auf das den Pflanzen verfügbare Wasser (Siehe Abb. 8)(vgl. Beierkuhnlein 2007, S.36).

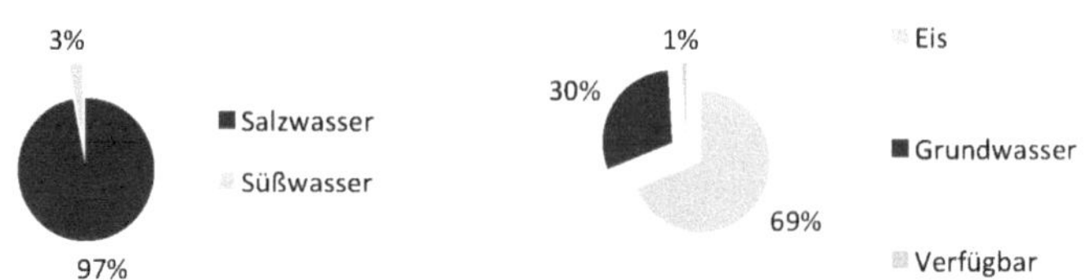

Abb. 8: Verteilung des Wasservorkommens auf der Erde und Verteilung des Süßwasservorkommens. Eigene Darstellung (Daten entnommen aus: Beierkuhnlein 2007, S. 36)

Das verfügbare Wasser kommt nicht überall in gleicher Art oder Menge vor, was es zu einem der ausschlaggebenden Faktoren für die Vielfalt der Vegetation der Erde macht (vgl. Lundegardh 1957, S.203).

Leben ist ohne Wasser nicht möglich denn alle lebenden Zellen beinhalten Zytoplasma, dieses benötigt einen ausreichenden Wassergehalt um aktives Leben zu ermöglichen. Höhere Pflanzen sind um sich zu entwickeln angewiesen auf einen Wassergehalt von 96% in ihrem Zytoplasma, dieser Wert variiert allerdings zwischen allen Pflanzen (vgl. Klink 2008, S.137).

Man kann zwei Arten von Pflanzen unterscheiden, die wechselfeuchten (poikilohydren) und die eigenfeuchten (homoiohydren). Diese Einteilung ist auf die unterschiedlichen Wasserhaushalte der Pflanzen zurückführbar, welche aus der Evolution der Pflanzen heraus entstanden.

Die ersten Pflanzen lebten im Wasser, sie litten nicht unter Wassermangel, mussten also keine Maßnahmen treffen für den Fall, dass sie kein Wasser zum Überleben hatten (vgl. Walter et al. 1983, S. 88).

Als sich dann Pflanzen auch an Land ausbreiteten benötigten sie eine Strategie wie sie im Falle von Wasserarmut überleben konnten. Aufgrund ihrer Herkunft haben solche Pflanzen kein Zellabschlussgewebe (vgl. Klink 2008, S.146). Ihre Hydratur hängt von ihrer Umgebung ab, sie entspricht also der sie umgebenden Luftfeuchtigkeit. Diese Pflanzen nennt man wechselfeuchte Pflanzen, sie haben die Fähigkeit bei unzureichender Luftfeuchtigkeit *„in einen Zustand latenten Lebens (…)überzugehen, um nach erneuter Benetzung wieder aktiv zu werden.“*(Walter et al. 1983, S.88) Das heißt ihr Zytoplasma trocknet aus, stirbt jedoch nicht ab. Zu diesen Pflanzen gehören an der Luft lebende Algen, sowie Moose und Flechten.

Da eine genügend hohe Luftfeuchtigkeit immer nur kurzzeitig eintritt ist die Wachstumsphase dieser Pflanzen sehr eingeschränkt (vgl. Schroeder 1998, S.10). Um also das Land großflächiger zu besiedeln war eine erhebliche Entwicklung notwendig.

Diese gelang den eigenfeuchten Pflanzen, welche zwar bei Austrocknung absterben, aber im Gegenzug ihren Wasserhaushalt größtenteils eigenständig regulieren können (vgl. Walter et al. 1983, S. 94). Letztere Fähigkeit erhielten sie durch die Entwicklung von Abschlussgewebe, Durchlüftungssystemen, Wurzelsystemen und Leitungssystemen (vgl. Klink 2008, S. 147). Eigenfeuchte Pflanzen werden oftmals auch als typische Landpflanzen bezeichnet.

Das Abschlussgewebe einer Landpflanze soll nach außen hin möglichst gut abdichten um den Verlust von Wasser zu vermeiden. Eine beinahe lückenlose Epidermis überzogen mit einer

Wachsschicht, der Cuticula, verhindert das unkontrollierte Verdunsten von Wasser aus der Pflanze. Zu den Durchlüftungssystemen gehören die in der Epidermis liegenden kleinen Spaltöffnungen, Stomata genannt, diese regulieren die CO_2 und O_2 Aufnahme sowie die Transpiration der Pflanze. Mit Hilfe der Wurzelsysteme nehmen Pflanzen Bodenwasser auf um das bei der Transpiration verlorengegangene Wasser zu ersetzen und die Hydratur der Zellen aufrecht zu erhalten. Das so aufgenommene Wasser wird durch ein Leitungssystem, das Xylem, in höher liegende Pflanzenteile transportiert (vgl. Schroeder 1998, S.10).

Die Pflanze an sich ist also eingebunden in den Wasserkreislauf, betrachtet man die Gesamtheit der Pflanzen, dann sogar zu einem nicht unwesentlichen Anteil. Die Niederschlagsmenge die auf das Festland fällt besteht neben der Verdunstung über dem Meer und der Verdunstung über der Bodenoberfläche (Evaporation) zu bis zu 47% aus dem Wasser welches die Vegetation verdunstet (Transpiration) (Siehe Abb. 9)(vgl. Klink 2008, S.133).

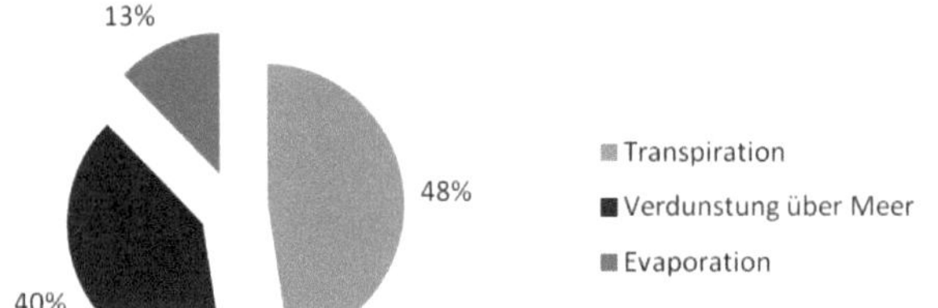

Abb. 9: Verteilung der Niederschlagsmenge. Eigene Darstellung (Daten entnommen aus: Klink 2008, S.133)

Wasser hat auf drei verschiedene Arten eine direkte Wirkung auf die Vegetation, als Niederschlag, als Boden- und als Luftfeuchtigkeit. Da diese Elemente untereinander variieren aber auch voneinander abhängig sind ist es schwer sie als einzelne Bestandteile zu betrachten. Die Bodenfeuchtigkeit ist ein sehr wichtiger Bestandteil des Wasserfaktors, wir wollen sie deshalb hier nicht vernachlässigen. Da sie allerdings nicht direkt Teil unseres Themas ist wollen wir ein grundliegendes Verständnis von Bodenfeuchtigkeit voraussetzen (vgl. Lundegardh 1957, S.203).

Der Niederschlag kann viele verschiedene Formen annehmen. Von Regen, über Schnee und Hagel, bis zu Nebel und Tau (vgl. Beierkuhnlein 2007, S.37). Während Regen in flüssiger Form auf den Boden fällt, versickert und innerhalb kurzer Zeit zu einem Teil des Bodenwassers wird, haben Schnee und Hagel vor ihrem Zufluss zum Bodenwasser eine mechanische Wirkung auf die Vegetation.

Hagel kommt für gewöhnlich am stärksten in den Mittleren Breiten vor. Richtet kleinkörniger Hagel von 0,5cm Durchmesser kaum Schaden an, kann er mit einem Durchmesser ab 2cm erhebliche Schäden anrichten indem er zum Beispiel Blätter zerschlägt.

Negative Wirkungen von Schnee können Eisbruch, bei dem zu schwerer Schnee auf den starr gewordenen Ästen zu einer Anfälligkeit bei Stürmen führt, Lawinen und Pilzbefall unter zu langer Durchfeuchtung sein. Die positive Wirkung von Schnee überwiegt allerdings mit seiner Jungwuchs schützenden, isolierenden Eigenschaft und der Förderung von Bodenbildung (vgl. Klink 2008, S. 178f & Beierkuhnlein 2007, S.37).

Die nichtmessbaren Niederschläge wie Nebel und Tau haben, außer bei der geringen Anzahl von Pflanzen die Feuchtigkeit aus der Luft aufnehmen kann, keine direkte Wirkung auf die Vegetation. Ihr Nutzen besteht vielmehr darin den Wasserhaushalt der Pflanzen positiv zu beeinflussen indem sie die Luftfeuchtigkeit erhöhen und somit die Transpiration verringern (vgl. Klink 2008, S.133ff).

Niederschläge treten in ihren unterschiedlichen Formen zeitlich und regional differenziert auf, zudem richten sie sich nach der Temperatur und atmosphärischen Druckverhältnissen was eine schier unendliche Fülle von unterschiedlichen Vegetationserscheinungen zur Folge hat (vgl. Beierkuhnlein 2007, S.37).

Pflanzen, die auf eine sehr hohe Luftfeuchtigkeit angewiesen sind und bei denen kaum Verdunstungsschutz ausgebildet ist nennt man Hygromorphe. Sie haben kaum bis gar keinen Schutz gegen das Welken und sind vor allem in feuchten Laubmischwäldern beheimatet. Ein Merkmal sind ihre großen, weichen Blätter die leicht welken.

Pflanzen die sich besser gegen Verdunstung wahren können sind Mesomorphe, sie sind hauptsächlich in den Laubmischwaldgürteln Europas und Nordamerikas vertreten und haben keine ausgeprägten hygromorphen oder xeromorphen Eigenschaften.

Xeromorphe sind gut gegen Trockenzeiten gewappnet, sie kommen mit sehr wenig Wasser aus und sind hauptsächlich in Ostafrika und Mittelamerika zu finden. Sie können Wasser in ihren Wurzeln speichern, die zusätzlich weit in den Boden reichen um auch tiefes

Bodenwasser noch zu erlangen. Ihre Blätter sind oft gerollt oder gefaltet um die Oberfläche zu reduzieren.

Eine eigene Gruppierung sind die Sukkulenten zu denen die Kakteen gehören. Sie sind am besten an Trockenstandorte angepasst. Ihre Epidermis ist sehr dick und oft sogar vielschichtig angelegt um den Wasserverlust minimal zu halten. Außerdem sollen möglichst viel Volumen und möglichst wenig Oberfläche vorhanden sein, so dass die Pflanzen oft runde Formen aufweisen. Sukkulenten haben die geringste Anzahl von Stomata, ihr Stoffwechsel ist nicht sehr aktiv was sie erheblich langsamer wachsen lässt als andere Pflanzen, dafür haben sie wiederum eine längere Lebensdauer (vgl. Schroeder 1998, S. 12 & Lundegardh 1957, S.203 & Klink 2008, S.136).

3.4 Wind

Wind hat wie Hagel und Schnee einen mechanischen Einfluss auf die Vegetation. Insbesondere an Meeresküsten und im Gebirge, sowie generell dort wo ungehindert ein starker Luftdruckausgleich stattfinden kann und der Wind sturmstärke erreicht, kann man seine destruktive Wirkung beobachten.

Wird der Wind zudem noch durch mitgeführte Sandkörner oder Eiskristalle verstärkt, ist die windzugewandte Seite der Pflanzen meist völlig zerstört.

Sind Pflanzen einem andauernden Wind ausgesetzt bilden sich sogenannte Windschurformen. Auf der Pflanzenseite, die dem Wind hauptsächlich zugekehrt ist wächst die Pflanze in geringerem Maße und ihre Zweige scheinen sich in Windrichtung zu neigen.

Abb. 10: Verschiedene Abstufungen von Windschurformen an Laubbäumen (Klink 2008, S.176 nach Weischet 1963)

An Stellen mit dauernder Windschur sind unterschiedliche Pflanzengruppen oft Schicht für Schicht aufgebaut, wobei kleinere Büsche Windschutz für größere liefern, die wiederum Bäumen Halt geben. Der ankommende Wind wird rampenförmig nach oben geleitet und hat so keine große Angriffsfläche um der Vegetation zu schaden.

Um den Wald als ganzen vor Windeinfluss zu bewahren wird vom Anbau von Monokulturen (z.B. Fichte) abgeraten, zugunsten einer Mischung der Pflanzenbestände. Dies gibt dem Wald einen schützenden Mantel und macht ihn widerstandsfähiger.

4. Klimazonen

Im folgenden Kapitel sollen die einzelnen Klimazonen genauer beleuchtet werden. Der Schwerpunkt liegt dabei auf der Verbreitung, also der Lage im Raum, selbstverständlich der Vegetation selber und den besonderen Klimatischen Merkmalen. Nachstehende Abbildung veranschaulicht die Verteilung der einzelnen Vegetationszonen auf der Erde. Diese sollen in diesem Kapitel noch näher betrachtet werden,

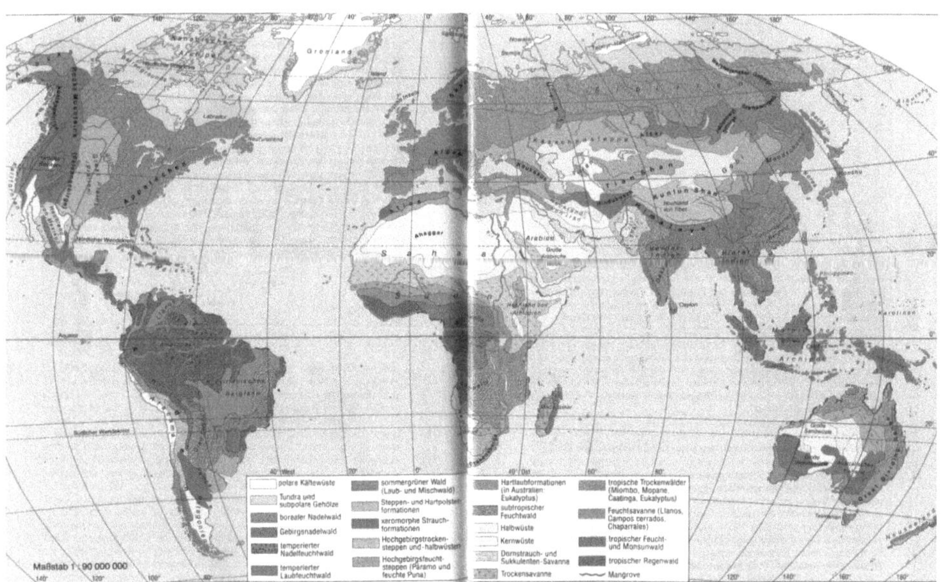

Abb. 11: Vegeationszonen der Erde (Quelle: Klink 2008, S. 210f)

4.1 Polare/subpolare Zone

Diese Klimazone befindet sich von der Baumwuchsgrenze an rund um Nord- und Südpol und besteht zu drei Vierteln aus Eiswüsten, das restliche Viertel der Fläche ist verteilt auf Tundren und Frostschuttgebiete. Das gesamte Gebiet macht ca. 15% des Festlandes aus und liegt in der Permafrostzone. Während sämtliches antarktisches Festland aus Eiswüsten besteht, ist bis auf Grönland die Arktis weitgehend eisfrei.

Eiswüsten sind definiert als Landmasse die ständig mit Eis bedeckt ist, während Tundren zwar einen Permafrostboden haben aber in der wärmeren Jahreszeit mehr Schnee wegtaut als im Winter fällt. Allgemein sind die Niederschläge temperaturbedingt von sehr geringer Ergiebigkeit und bestehen weitestgehend aus Schneefällen, die Schneedecke hat eine Durchschnittliche Höhe von 20-30 cm.

Frostschuttgebiete entstehen durch Bodenbewegung in Gegenden wo sich Frieren und Tauen des Bodens kontinuierlich abwechseln (vgl. Schultz 2008, S.126 & Walter et al. 1991, S.212) (Siehe Abb. 12).

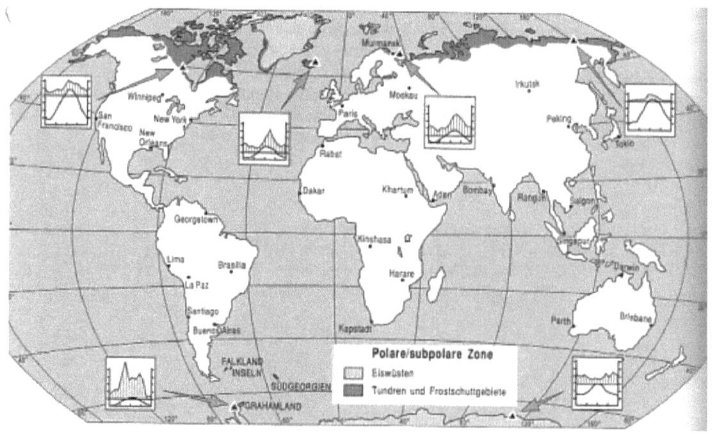

Abb. 12: Polare/subpolare Zone (Quelle: Schultz 2008, S.126)

Das Polare Gebiet hat das Klima mit den kältesten Temperaturen, in den polaren Wüsten liegt die Durchschnittstemperatur des wärmsten Monats bei ca. +2 °C. Je weiter näher an den Polen man sich befindet, desto eher verschwimmt der Tag/Nachtrhythmus und wird durch den halbjährlichen Wechsel von Polartag und Polarnacht ersetzt.

Durch den Einfallswinkel der Sonnenstrahlung, der auf die polaren Gebiete rund 50% des diffusen Lichts zukommen lässt, fällt die Exposition in dieser Gegend nicht sehr stark ins Gewicht. Es ist wichtiger wie stark ein Gebiet geneigt ist als in welche Himmelsrichtung es liegt (vgl. Schultz 2008, S.128).

Die Vegetation ist in der Polaren und Subpolaren Zone sehr schwach verbreitet, Gesellschaften von Gefäßpflanzen bestehen nur sehr selten aus mehr als 10 Arten. Wurzeln können nur in die aufgetaute Schicht des Permafrostbodens vordringen, die zudem sehr wenig Nährstoffe bietet, die Pflanzen werden also aufgrund ihrer geringen Verankerung und Nährstoffaufnahmemöglichkeiten mit bis zu 30 cm nicht sehr hoch. Das ist wie wir bereits festgestellt haben ungefähr die maximale Höhe der Schneedecke, diese schützt wie in Abschnitt 3.3 festgestellt zwar die Pflanzen mit ihrer isolierenden Wirkung, da es aber in den pol nahen Gebieten sehr lang dauert bis der Schnee schmilzt wird ein Erwärmung des Bodens im Frühjahr verzögert. Dies ist auch der Grund, warum keine Pflanzen vorhanden sind die einen jahreszeitlichen Zyklus haben, denn die warme Jahreszeit, der Sommer, ist sehr kurz oder fehlt und die Samen besagter Pflanzen haben deshalb nicht genug Zeit zum Keimen (vgl. Schultz 2008, S. 138).

Je näher am Pol desto karger ist die Vegetation, weiter in Richtung der Baumgrenzen nimmt die Flächendeckung zu (Siehe dazu Abb. 13).

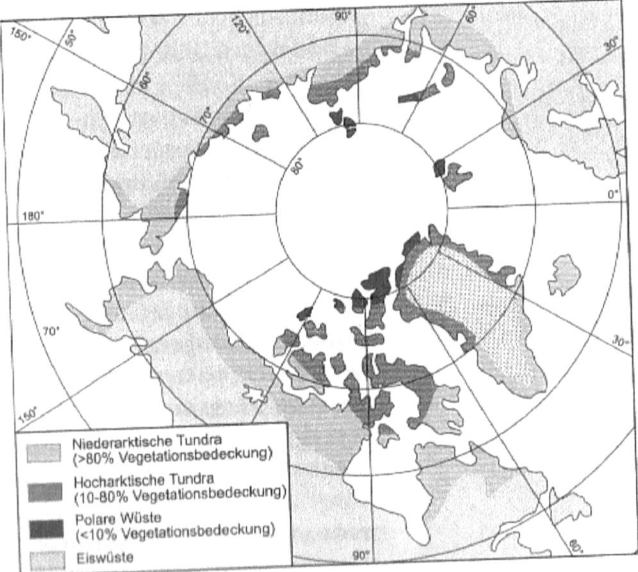

Abb. 13: Vegetationsbedeckung der Polaren Zone (Quelle: Schultz 2008, S.139)

4.2 Boreale Zone

Während alle anderen Klimazonen einmal in der Süd- und einmal in der Nordhemisphäre zu finden sind, ordnet man der Borealen Zone Gebiete von Kanada, Alaska, Skandinavien, Russland und Sibirien zu, sie ist also auf der nördlichen Halbkugel in einem Ring rund um den Globus vertreten. Ihre Grenzen stimmen im Norden ungefähr mit der 10 °C – Juli – Isotherme und der Polaren Baumgrenze und im Süden zumindest in Eurasien mit der Permafrostgrenze überein (vgl. Schultz 2008, S. 152) (Siehe Abbildung 14 und 15).

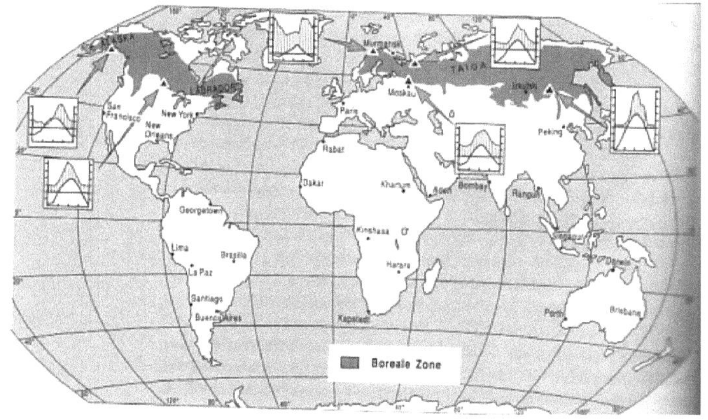

Abb. 14: Boreale Zone (Quelle: Schultz 2008, S. 152)

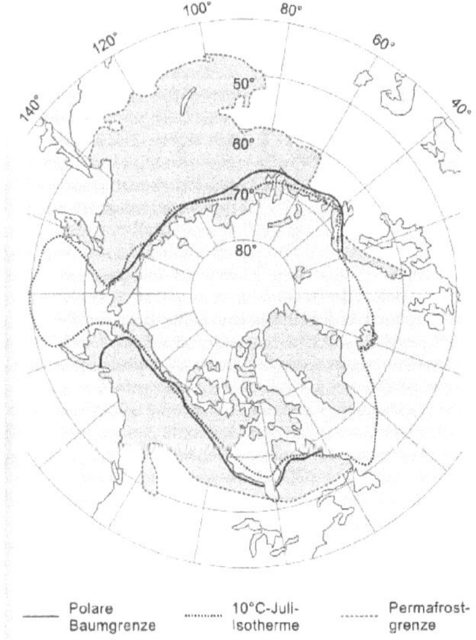

Abb. 15: Grenzstrukturen auf der Nordhalbkugel (Quelle: Schultz 2008, S.153 nach Stäblein 1987)

Hauptmerkmal dieser Klimazone ist der boreale Nadelwald und mit einem Festlandanteilanteil von 13% ist sie die größte der Waldzonen. Im Norden schließt sie mit dem arktischen Tundren ab und im Süden grenzen entweder sommergrüne Laubwälder oder Steppen und Halbwüsten an. In den immergrünen Nadelwäldern finden sich immer wieder Torfmoore und am nördlichen Rand bilden Waldtundren den Übergang zu dem arktischen Tundrengebiet (vgl. Schultz 2008, S. 151)(siehe Abb. 16).

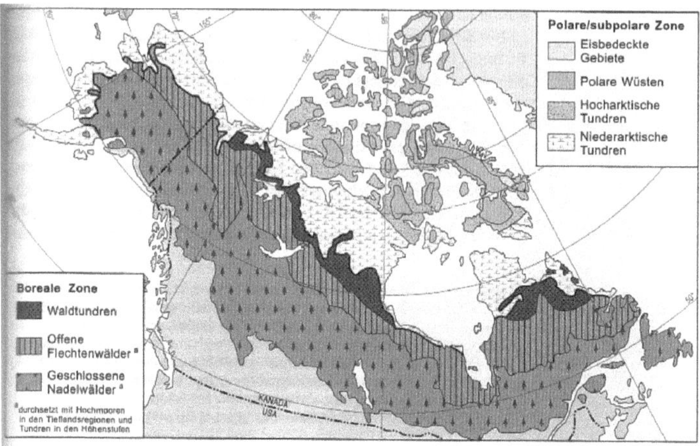

Abb. 16: Subzonale Gliederung Kanadas und Alaskas (Quelle: Schultz 2008, S.161 nach Elliott-Fisk 1989)

Das Klima ist mit einer Vegetationsperiode von 4-5 Monaten, etwas höheren Niederschlägen und immer noch sehr langen Tagen zwar vegetationsfreundlicher als die Polaren Gebiete, trotzdem kann man den Borealen Nadelwald nicht mit dem Nadelwald in den uns bekannten mittleren Breiten vergleichen.

Der Wald ist immer noch artenarm, allerdings sind die Kraut- und die Strauchschicht sehr ausgeprägt. Während in der Baumschicht Fichten, Lärchen und Tannen stehen, allerdings nicht durchmischt sondern oft nur mit einer der Arten, findet man in den unteren Schichten Birken, Weiden, Ebereschen und Erlen sowie den im Vergleich der Klimazonen größten Bestand von Flechten und Moosen.

Der Wald ist in seiner Beschaffenheit in Nord-Süd Richtung stark differenziert und weißt unterschiedliche Schichten auf, die wie Ringe auf die nördliche Baumgrenze zulaufen (vgl. Schultz 2008, S. 161ff) (Siehe Abb. 17).

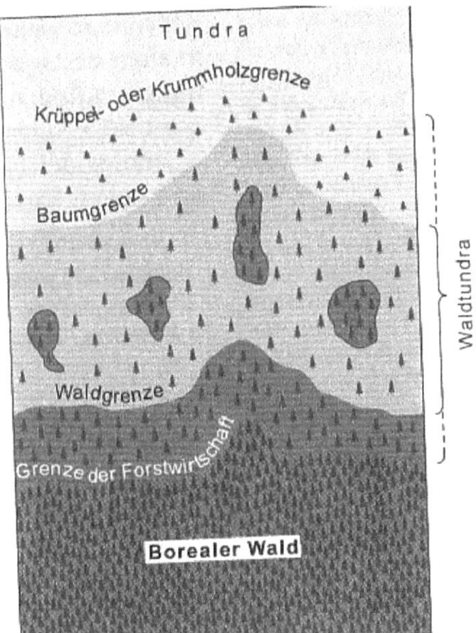

Abb. 17: Schichtförmige Anordnung im Übergang von Borealem Nadelwald zu arktischer Tundra (Quelle: Schultz 2008, S.163 nach Hustich 1966)

4.3 Feuchte Mittelbreiten

Die feuchten Mittelbreite Zone ist die „Heimatzone" Deutschlands und natürlich von Marburg. Wie die Abbildung 9 zeigt, befindet sie sich größtenteils auf der Nordhemisphäre mit den Schwerpunkten Europa, der Ostseite der eurasischen Landmasse sowie Teilen Nordamerikas. Auf der Südhemisphäre sind lediglich Teile von Chile und Neuseelands den feuchten Mittelbreiten zuzuordnen.

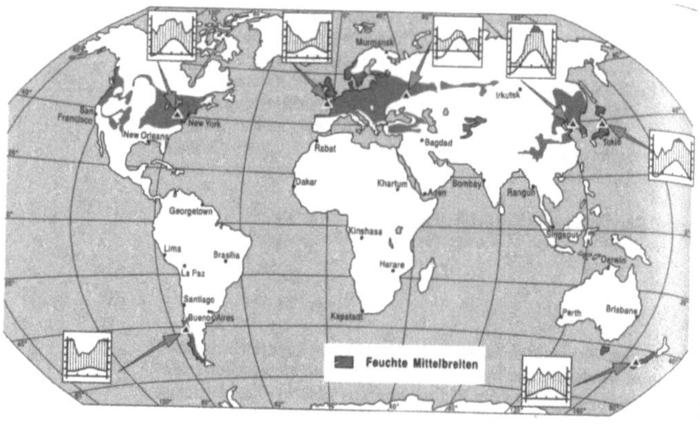

Abb. 18: Feuchte Mittelbreiten (Quelle: Schultz 2008, S.176)

Generell wird diese Zone durch kalte und warme Meeresströmungen beeinflusst. Im Besonderen an den West- und Ostseiten der Kontinente, wie aus Abbildung 18 hervorgeht. Insgesamt nimmt sie eine Fläche von 14,5 Millionen km² ein, was 9,7% der Festlandfläche entspricht. Die Grenzen zu den anderen Zonen ist polwärts die Boreale Zone. Äquatorwärts im Westen die Winterfeuchten Subtropen und im Osten die Immerfeuchte Zone. In höheren kontinentalen Lagen ist die Übergangszone nicht ausgebildet oder nur im geringen Maß ausgeprägt. Das heißt die Feuchten Mittelbreiten sind dort nicht mehr anzutreffen. Deutschland liegt im kontinentalen Einfluss, d.h. die Winter sind kälter und die Sommer wärmer. Es gibt im Jahr nur eine Vegetationsperiode, die auf die humiden Monate beschränkt ist, also nicht durchgehend ist (vgl. Schultz 2008, S.175).

Das Klima ist hier stark von den saisonalen Bedingungen abhängig. Durch die vergleichsweise zu den anderen Ökozonen (polwärts bzw. äquatorwärts) geringeren Minimal und Maximalwerte der Temperatur kann die Zone der feuchten Mittelbreiten als gemäßigt und temperat eingestuft werden. Die Jahresmitteltemperatur bewegt sich in einen Bereich von 6 – 12°C (vgl. Schultz 2008, S.175f).

Es finden sich jedoch auch regionale Unterschiede durch ozeanischen und kontinentalen Einfluss. Anschaulich wird dieser Punkt an den beiden folgenden Klimadiagrammen von Brest in Frankreich und Antung in China.

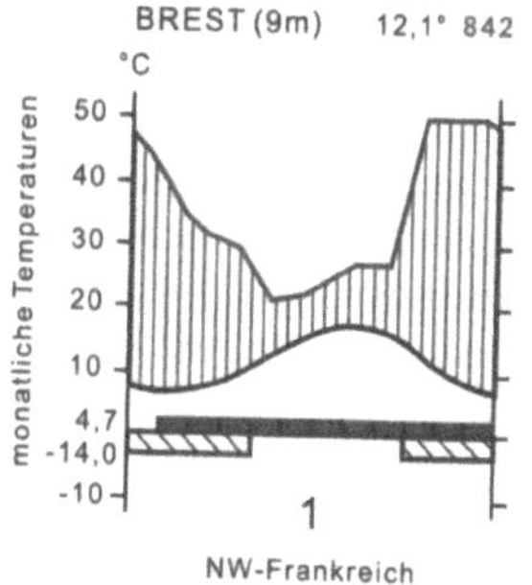

Abb. 19: Klimadiagramm Brest (Quelle: Schultz 2008, S.175

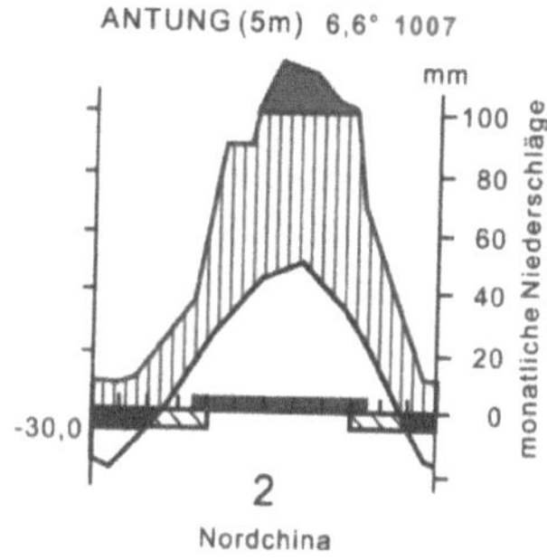

Abb. 20: Klimadiagramm Antung (Quelle: Schultz 2008, S.175)

Brest zeigt das Klima unter ozeanischen Einfluss mit einen milden Winter und einen eher kühlen Sommer. Die Vegetationsperiode kann ganzjährig sein. Niederschläge fallen gehäuft im Winter und Frühjahr. Hingegen zeigt Antung den Einfluss des kontinentalen Klimas. Der Winter ist sehr kalt und der Sommer dafür umso wärmer. Die Vegetationsperiode ist nicht mehr ganzjährig möglich, sondern bestenfalls für 6 Monate im Jahr. Die Niederschläge fallen größtenteils im Sommer. Die Sonneneinstrahlung begünstigt in diesen Breiten die Süd- statt die Nordhänge, was für den Weinbau sehr wichtig ist. Die Niederschläge sind durch mindestens 10 humide Monate gekennzeichnet. Die Jahresniederschläge belaufen sich auf 500 – 1000mm. Nur ein kleiner Teil davon fällt im Winter als Schnee. Nach den feuchten Tropen/ Subtropen sind dies die höchsten Niederschlagswerte auf Erde. Die Landwirtschaftliche Nutzung kann dadurch in dieser Zone sehr intensiv betrieben werden (vgl. Schultz 2008, S.177).

Die Vegetation ist hier durch natürliche Waldstandorte gekennzeichnet. Allerdings sind durch den menschlichen Einfluss nur noch fragmentierte Stücke des einstigen Urwaldes erhalten geblieben. Dadurch ist diese Zone als eher waldarm zu bezeichnen. Auch durch die Umgestaltung des Waldes hin zu einem Nutzwald mit Monokulturbeständen (häufig Fichte). Weitere menschliche Einflüsse wie Holzeinschlag und Brandrodung wirken nicht wirklich entlastend. Der Wald ist ansonsten durch sommergrüne Laubwälder oder Mischwälder gekennzeichnet (vgl. Schultz 2008, S.182f). Das markanteste Merkmal in dieser Zone ist wohl die Saisonalität durch Winter, Frühling, Sommer und Herbst. Nachstehend sollen die einzelnen Jahreszeiten genauer beleuchtet werden.

Im Frühling erwachen der Wald und die Pflanzen wieder zum Leben. Die Samen keimen, neue Triebe, Blätter und Blüten entstehen an den Bäumen und Sträuchern. Die Stauden bilden neue Sprosse. Die Tiere erwachen aus dem Winterschlaf bzw. Winterstarre und wechseln ihre Bodenquartiere aus durch ein aktives Leben in den oberen Schichten der Vegetation. Ein weiteres sicheres Kennzeichen für den Frühling ist die Rückkehr der Zugvögel. Bei den meisten Tieren setzt Paarungszeit ein und die darauffolgende Jungenaufzucht. Als Klimatisches Merkmal zeichnet sich die Sonne aus, die noch ungehindert den Boden erwärmen kann und die krautigen Frühlingsblüher begünstigt. Diese wachsen entweder aus intakten Wurzelsystemen von der Bodenoberfläche heraus (bei Hemikryptophyten) oder durch Überdauerungsorgane wie Knollen und Wurzelstöcke (bei den Geophyten). Die Absorbtionsschicht verlagert sich im weiteren Verlauf immer weiter nach oben zu den Baumkronen (vgl. Schultz 2008, S.184f).

Im Sommer haben schließlich die Pflanzen ihre Blätter voll entfaltet und die Blüte abgeschlossen. Zu dieser Zeit erfolgt dann das Dickenwachstum von Stamm- und Astholz sowie die Frucht- und Samenreife. Im Boden- bzw. Bodennahen Bereich befinden sich zu dieser Zeit meist nur noch Schattenpflanzen mit Primärproduktion. Die Ursache liegt in der teils extremen Lichtundurchlässigen Schicht der Baumkrone, wodurch dann teilweise nur noch 10% des Lichts den Boden erreicht (vgl. Schultz 2008, S.185).

Im Herbst nähert sich der Kreislauf langsam dem Ende zu, indem die Pflanzen ihre Blätter abwerfen. Bevor dies geschieh findet in den Blättern ein Abbau organischer Substanzen statt. Die Elemente Stickstoff, Eisen, Phosphor und Kalium werden dabei teilweise im Zweig und Stamm resorbiert. Dies führt zu der markanten Verfärbung der Blätter vom grünen ins fallgelbe bei den Erlen, Eschen und Weiden bzw. zu roten und gelben Tönen bei Ahorn und Birke. Zu dieser Jahreszeit verlassen auch die Zugvögel wieder die feuchten Mittelbreiten, dafür kommen andere Zugvögel aus höheren Breiten in diese Gefilde (vgl. Schultz 2008, S.185).

Im Winter schließlich stellen die Pflanzen die Photosynthese ein. Die biologischen- und chemischen Prozesse werden verlangsamt. Die Tiere wechseln wieder in den Winterschlaf bzw. der Winterstarre über (vgl. Schultz 2008, S.185f).

4.4. Trockene Mittelbreiten

Die Trockenen Mittelbreiten nehmen etwa 1/3 des Festlandes der Erde in Anspruch. Insgesamt auf einer Fläche von 16,5 Millionen km². Dabei umfasst die Zone hauptsächlich die kontinentalen Bereiche Eurasiens sowie den mittleren Westen von Nordamerika, wie folgende Abbildung zeigt.

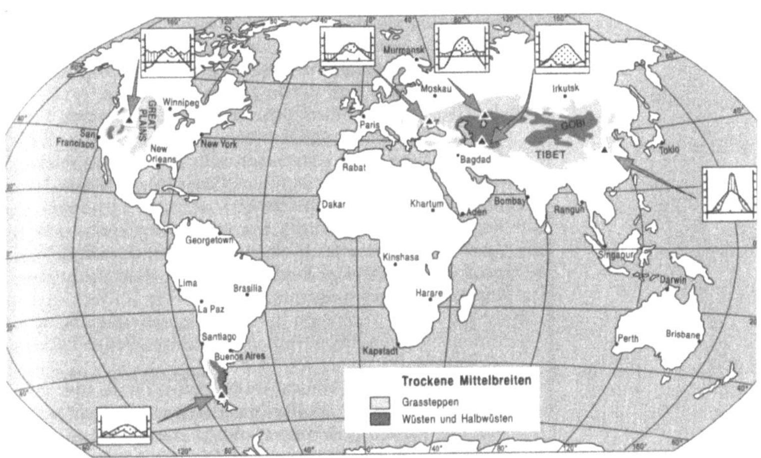

Abb. 21: Trockene Mittelbreiten (Quelle: Schultz 2008, S. 203)

Sie grenzt sich zu den anderen Ökozonen durch klimatische Merkmale ab. Das sind eine Monatsmitteltemperatur von mindestens 5°C, über 200mm Regen im Jahr sowie 4 oder mehr humide Monate. Diese Zone stellt auch die Grenze zu den Tropen und Subtropen dar. In den Trockenen Mittelbreiten können im Jahr auch ein oder mehr Monate mit einer Monatsmitteltemperatur von unter 5°C auftreten. Sie lässt sich zudem nach Ariditätsgraden unterteilen, nach Merkmalen wie Pflanzenformationen, Böden sowie den agraren Nutzungsformen. Durch die klimatischen Merkmale lassen sich zwei große verschiedene Unterteilungen in die Wüsten und Halbwüsten sowie in die Steppe vornehmen (vgl. Schultz 2008, S.202f).

Die Steppen sind in ihrer Vegetationsperiode durch 2 – 4 humide Monate sowie durchschnittlich 200-450mm jährlichen Niederschlag gekennzeichnet. Somit ist diese Zone auch noch für Weizenanbau geeignet. Sie ist desweiteren gekennzeichnet durch Sommertrockenheit und Winterkälte, also einem semi-ariden Klima. Die Vegetation ist im Allgemeinen baumlos mit an die Trockenheit angepassten, xeromorphen, Gräsern. Desweiteren finden sich niedrige Halbsträucher, ausdauernde und krautige Gewächse, die sog. Geophyten sowie die Therophyten, wurzelnde einjährige Pflanzen welche ungünstige Zeiten als Samen im Boden aushalten. Die Vegetationsdecke kann 0,1 – 1m hoch werden (Frey & Lösch 2010: 438). Die Abfolge von der Steppe ist in den einzelnen Teilen der Erde unterschiedlich ausgeprägt. In Eurasien latitudinal, d.h. die Waldsteppen befinden sich im Norden. In Nordamerika hingegen longitudinal, d.h. die Langgrassteppen befinden sich im Osten. Es finden sich auch unterschiedliche Bezeichnungen für die Steppe. So heißt sie in Argentinien „Pampa" und in Nordamerika „Prärie" (vgl. Schultz 2008, S.203).

Das Klima in den Trockenen Mittelbreiten liegt im Bereich der außertropischen Westwindzone. Es ist zudem durch eine kontinentale Lage gekennzeichnet, was eine längere Sonnenscheindauer, eine höhere Globalstrahlung, geringere Niederschläge sowie größere Temperaturamplituden zur Folge hat. Die Niederschläge belaufen sich meistens unter dem Niveau der potentiellen Evapotranspiration. Diese beschreibt wie viel Wasser bei den gegebenen Umständen verdunsten würde, wenn genügend davon vorhanden ist. Die Regenfälle erfolgen eher aperiodisch, was die Vorhersage äußerst schwierig gestaltet. Es sind auch Trockenzeiten zur Regenzeit möglich. Dies führt wiederum zu einem Dürrestress für die Pflanzen. Diese haben zudem auch noch zusätzlich mit Kältestress zu kämpfen, wenn die Lufttemperatur erfahrungsgemäß für einen Monat unter den Gefrierpunkt sinkt. Es kann sich dabei noch zusätzlich eine Schneedecke bilden. An die Pflanzen werden in diesen Gebieten also erhöhte Anforderungen gestellt. Deshalb wird diese Zone auch als winterkaltes Trockengebiet bezeichnet.

Im Sommer ist die Einstrahlung ähnlich so hoch wie in den Tropen und Subtropen. Es ist sehr heiß, die Monatsmitteltemperatur liegt dann für maximal 3 Monate über 20°C, lokal sind auch höhere Tagesmaxima mit über 30°C möglich (vgl. Schultz 2008, S.204f).

Die Vegetation ist im Kern der Trockenen Mittelbreiten durch die Wüsten und Halbwüsten nur sehr spärlich ausgeprägt. Dafür finden sich im semi-ariden Übergangsbereich zu den feuchten Nachbarzonen vorwiegend Gras- bzw. Krautfluren und offene Gehölzformationen. Letztere sind gekennzeichnet durch grasreichen Unterwuchs, den Grassteppen, auch als Strauch- oder Dornstepppen bezeichnet. In Nordamerika allgemein als Prärie benannt (vgl. Schultz 2008, S.210).

Die Grassteppen sind weitestgehend baumfrei. Die Ursache liegt weniger an den semi-ariden Klimabedingungen, sondern vor allem an den zonalen Böden. Diese haben eine hohe Speicherleistung für Wasser welches von den Pflanzen gut aufgenommen werden kann. Das sind dann im Endeffekt ideale Bedingungen für wurzelnde Steppengräser, jedoch nicht für tiefwurzelnde Gehölze, die dann landläufig die Bäume darstellen (vgl. Schultz 2008, S.210).

Es lassen sich unterschiedliche Steppentypen klassifizieren, abhängig vom Ariditätsgrad. Nachfolgend eine Auflistung in der Reihenfolge zunehmender Trockenheit: Waldsteppe, Langgrassteppe, Mischgrassteppe, Kurzgrassteppe und die Wüstensteppe. Im nächsten Abschnitt sollen die einzelnen Steppentypen genauer untersucht werden.

Die **Waldsteppe** ist vornehmlich in Eurasien im Übergangsgebiet von den Feuchten Mittelbreiten und der Borealen Zone zu den Trockenen Mittelbreiten anzutreffen. Als Übergangszone ist der Baumbestand hier schon lichter. Desto weiter in die eigentliche Steppenzone vorgedrungen wird, desto weniger Wald ist vorhanden und dafür umso mehr Grasinseln. Das Klima bestimmt bei der Waldsteppe maßgeblich die Vegetation (vgl. Schultz 2008, S.210f)-

In der **Langgrassteppe** treten nur noch vereinzelt Waldinseln auf, vornehmlich im steinigen Gelände bzw. bei Senken mit einem Zufluss. Die Vegetation wird hier im Gegensatz zur Waldsteppe nicht maßgeblich durch das Klima beeinflusst, sondern durch orohydrologische Gründe. Es gibt drei aride Sommermonate, die anderen Monate sind jedoch meist humid oder zumindestens subhumid mit Niederschlägen über 50% der potentiellen Evapotranspiration. Die Schneeschmelze im Frühjahr sorgt für eine gute Wasserversorgung im Boden, die bis zum Anfang des Sommers vorhält. Die Gräser zeigen hier eine geschlossene Grasnarbe mit einer Länge von 50 – 200cm. Ein weiteres Merkmal ist das Vorkommen von Kräutern, meist aus der Familie der Korbblüter und Leguminosen (vgl. Schultz 2008, S.210f).

Die **Mischgrassteppe** ist gekennzeichnet durch eine ausgeprägte Schichtung der Grasfluren bestehend aus mittelhohen Arten und kurzhalsigen Arten, die auch in der Kurzgassteppe vorkommen. In Nordamerika ist sie überwiegend in der Übergangszone von der Langras- zur Kurzgrassteppe anzutreffen (vgl. Schultz 2008, S.211). In der Kurzgrassteppe tritt die Vegetationsperiode im Frühjahr auf, was auf die 7 – 10 ariden bzw. semi-ariden Monate zurückzuführen ist. Als Folge davon ist sie nahezu waldfrei. Die Gräser haben hier einen büscheligen Wuchs und erreichen nur noch eine Höhe von 20 – 40cm. Auch bedecken sie nur noch 50% der Bodenoberfläche (vgl. Schultz 2008, S.211).

Die **Wüstensteppe** zeigt sehr anschaulich die Folge von einem überwiegend ariden Klima und zusätzlicher Beweidung. Hier ist lediglich ein Monat als humid einzustufen. Als Folge davon bringt die Natur größtenteils Zwerg- und Halbsträucher hervor. Die Pflanzen bedecken nicht mehr vollständig den Boden, jedoch nn der Regel immer noch über 50% der Fläche. Es sind in der Wüstensteppe zwei verschiedene Grasarten ausgeprägt. Zum einem die perennen Gräser, niedriger sind als in der Kurzgrassteppe. Und zum anderen die anuellen Gräser, die höher sind als in der Kurzgrassteppe (vgl. Schultz 2008, S.211f).

4.5 Winterfeuchte Subtropen

Die Winterfeuchten Subtropen (mediterrane Subtropen) stellen mit einem Festlandsflächenanteil von 1,7%, rund 2,5 Mio. km², die kleinste Ökozone der Erde dar, die bei ihrer Größe auf allen Kontinenten vertreten ist. Wie in der Abbildung 22 zu sehen ist, befindet sich diese Ökozone ungefähr zwischen dem 30. Und 40. Breitengrad, also den Feuchten Mittelbreiten und den tropischen und subtropischen Trockengebieten. Die fünf Zonen, in denen die winterfeuchten Subtropen vorhanden sind, liegen auf der Westseite der Kontinente, zwischen dem 30. und 40. Breitengrad. Diese Zonen sind sehr schmal, an der Küste gelegen und reichen oft nur einige 100 km in das Landesinnere. Das Mittelmeergebiet hat den größten Anteil der Winterfeuchten Subtropen (vgl. Schultz 2008, S. 226).

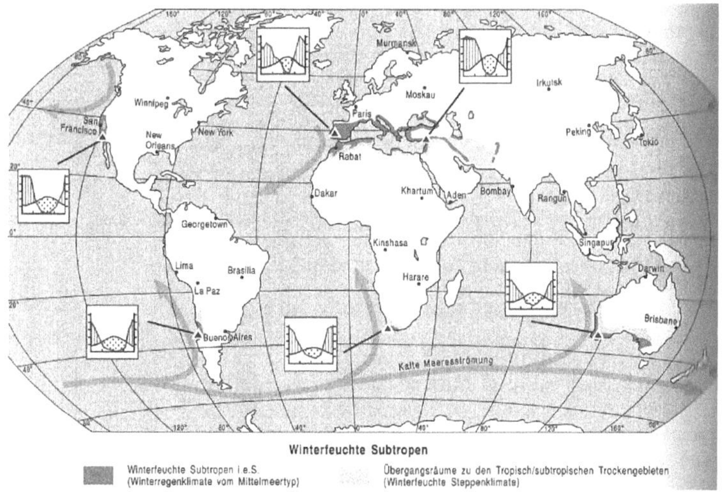

Abb. 22: Winterfeuchte Subtropen (Quelle: Schultz 2008, S.226)

Das Klima in den Winterfeuchten Subtropen kann in zwei Abschnitte gegliedert werden: Auf den trockenen Sommer folgt ein regenreicher Winter. Im Sommer ist in den Winterfeuchten Subtropen die sommerliche Trockenzeit (vgl. Pott 2005, S. 471) Es ist fast kein Niederschlag vorhanden, da diese Ökozone in diesem Zeitraum im Einflussbereich des subtropisch-randtropischen Hochdruckgebietes liegt (vgl. Schultz 2008, S. 227). Die Temperaturen werden aufgrund der küstennahen Lage vom maritimen Klima beeinflusst. Das heißt, dass die Temperaturen wegen der kalten Meeresströmungen nicht so hoch steigen, kaum über 20°C. , wie in anderen Ökozonen auf denselben Breitengraden. Nur am Rand der winterfeuchten Subtropen, weiter im Landesinneren, kommt es zu höheren Temperaturen, als an der Küste. Der Grund ist, dass das maritime Klima nur noch wenig Einfluss im Landesinneren hat (vgl. Schultz 2008, S. 227). In der Winterzeit, der winterlichen Abkühlung, ist die hauptsächliche Regenzeit in den Winterfeuchten Subtropen. Die Zeit des Niederschlags (Winterregen) ist von Oktober bis März und auf der Südhalbkugel April bis September, wobei der mittlere Jahresniederschlag 300 bis 1000 mm beträgt. Je mehr man polwärts geht, um so stärker ist der Niederschlag (vgl. Pott 2005, S. 471). Im Verlauf des Winters kommt es kaum zu Temperaturen unter dem Gefrierpunkt. Meist sind es Temperaturen bis über +5 °C (vgl. Schultz 2008, S. 228).

Ein Merkmal dieser Ökozone ist, dass die natürliche Vegetation stark durch den Menschen gelitten hat. Es wird vermutet, dass in den winterfeuchten Subtropen immergrüne Laubwälder sowie zum Teil Kieferwälder vorhanden waren. Durch den menschlichen Einfluss wurden diese jedoch zerstört und an deren Stelle sind Hartlaub-Strauchformationen getreten, welches das typische Merkmal heutzutage für diese Ökozone ist (vgl. Schultz 2008, S. 231). Die Hartlaub-Strauchformationen werden auch als Matorral zusammengefasst, die sich in hochwüchsige Matorral und niederwüchsige Matorral unterteilen lassen. Die Unterscheidung erfolgt aufgrund der Höhe und Art des Bestandes, wie in Abbildung 23 zu sehen ist (vgl. Schultz 2008, S. 232).

Abb. 23: Bestandsstruktur eines hochwüchsigen Matorrals und eines niederwüchsigen Matorrals (Quelle: Schultz 2008, S. 232)

Das **hochwüchsige Matorral** hat eine Mindesthöhe von einem halben Meter und einen dichten Bewuchs von Straucharten. Vereinzelnd sind Bäume vorhanden, die größer sind, als die Sträucher (vgl. Schultz 2008, S. 229f).

Das **niederwüchsige Matorral** besteht hauptsächlich aus zum Teil unregelmäßig dichtem Bestand von Chamaephyten (vgl. Schultz 2008, S. 230), zu denen Halb- und Zwergsträucher gehören. Auch sind Zwiebel- und Knollengeophyten auf diesen Flächen vorhanden (vgl. Bresinsky, A. et al. 2008, S. 167). Außerdem ist in den Winterfeuchten Subtropen die zweithöchste Artenzahl vorhanden. Die höchste Artenzahl haben die Immerfeuchten Subtropen (vgl. Schultz 2008, S. 230).

Die verschiedenen Gebiete dieser Ökozone haben zum Teil unterschiedliche Vorkommen in Flora und Fauna, sowie bei der Artenvielfalt. Zum Beispiel sind im Mittelmeerraum überwiegend Hartlaubwälder vertreten, insbesondere zählen dazu drei Eichenarten, unter anderem die Quercus ilex (vgl. Richter S. 166, 431). Durch anthropogene Einflüsse hat auch immer mehr die Kiefer an Bedeutung gewonnen. In den USA (in Kalifornien) sind, wie in Südeuropa, Kiefern, Eichen und Heiden vertreten. Jedoch spielen im Westen der USA Langgräser eine größere Rolle, als im Mittelmeerraum. Dies ist bedingt durch verschiedene Umweltmerkmale(vgl. Richter 2001, S. 167).

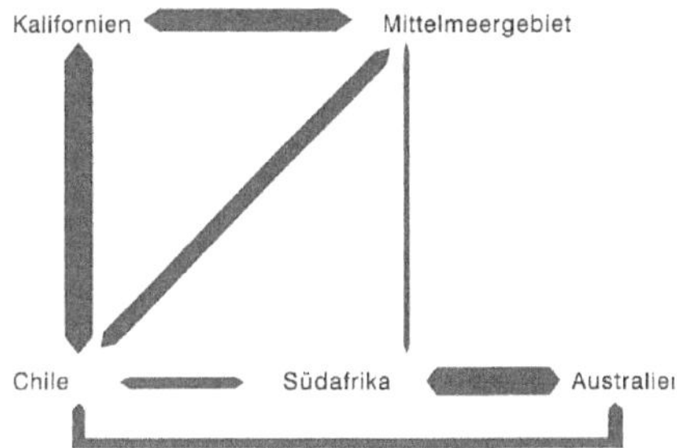

Abb. 24: Affinitätsgrade zwischen den fünf Winterregengebieten der Erde (Quelle: Schultz 2008, S. 227 nach Di Castri, F. et al. 1981, S. 643)

Insgesamt betrachtet sind in dieser Ökozone neben den Unterschieden auch Gemeinsamkeiten innerhalb der verschiedenen Gebiete festzustellen. Anhand der Abbildung 24 kann man sehen, in wieweit eines der Gebiete Übereinstimmungen mit einem anderen Gebiet hat. Hier wird der Affinitätsgrad zwischen den fünf Gebieten der Winterfeuchten Subtropen verglichen. Die Breite der Linien ist proportional zum Grad der Übereinstimmung. Verglichen wurden für diese Abbildung die Oberflächengestalt, das Klima, die Vegetation, Landnutzung und einige andere Aspekte (vgl. Schultz 2008, S. 227).

4.6 Immerfeuchte Subtropen

Wie in Abbildung 25 zu sehen ist, sind die Immerfeuchten Subtropen auf allen fünf Kontinenten vertreten. Ein Merkmal dieser Ökozone ist die küstennahe Lage an den Ostseiten der Kontinente. Die Gebiete der Immerfeuchten Subtropen befinden sich zwischen dem 25. Und 35. Breitengrad. Der Anteil zum gesamten Festland beträgt 4%, wobei das eine Gesamtfläche von 6 Mio. km² ausmacht (vgl. Schultz 2008, S.245).

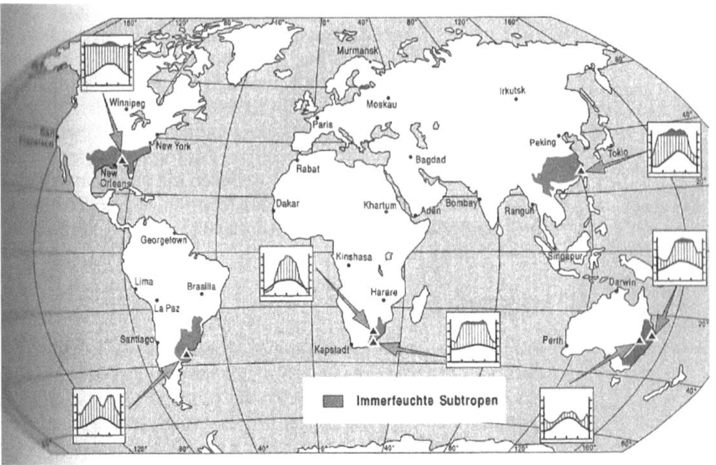

Abb. 25: Immerfeuchte Subtropen (Quelle: Schultz 2008, S. 245)

Die Immerfeuchten Subtropen grenzen zum einen äquatorwärts an die Immerfeuchten oder Sommerfeuchten Tropen und polwärts an die feuchten Mittelbreiten (vgl. Schultz 2008, S. 245).

In Richtung des Landesinneren, Westen, ist eine mehrere 100 km breite Übergangszone zu den Tropischen und subtropischen Trockengebieten. Die wesentlichen Merkmale dieser Übergangszone ist der jährlich sinkende Niederschlag und die schwindende Anzahl der humiden Monate. Für die Abbildung 25 wurde die Grenze eigenmächtig gezogen. Diese ist auf dem Gebiet, wo die Anzahl der humiden Monate unter 5 sinkt und Dornsteppen anstatt von Gras-Waldsteppen vorhanden sind (vgl. Schultz 2008, S.246).

Durch die vorherrschenden hygrothermischen Verhältnisse nehmen die Immerfeuchten Subtropen eine Position zwischen Immerfeuchten Tropen und Feuchten Mittelbreiten ein (vgl. Schultz 2008, S. 248).

Ein Merkmal für diese Ökozone ist die untypische Niederschlagshäufigkeit. Normalerweise ist es so, dass die Niederschläge vom Äquator bis hin zu den Wendekreisen abnehmen. Aber in den Immerfeuchten Subtropen, auf der Ostseite der Kontinente, ist es anders. Dort ist der Niederschlag über das ganze Jahr hoch, wie am Klimadiagramm in Abbildung 26 Pensacola, südöstlich in den USA, zu sehen ist. Diese Stadt ist ein typisches Beispiel für die Immerfeuchten Subtropen (vgl. Schultz 2008, S. 246f).

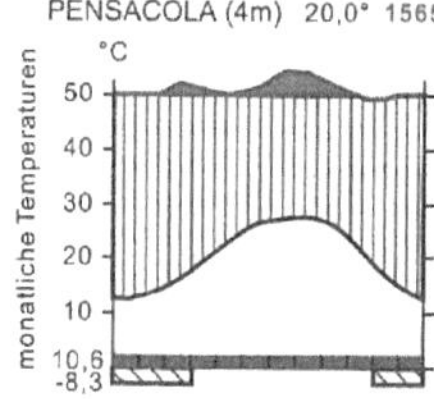

Abb. 26: Klimadiagramm von einer Station aus den Immerfeuchten Subtropen (Quelle: Schultz 2008, S. 246)

Monsunbedingte Effekte sind die Ursache für diese „West-Ost-Asymmetrie": Während des Sommers, auf der jeweiligen Halbkugelseite, entwickelt sich über den Kontinenten ein Hitzetief, das sogenannte Monsuntief. Durch dieses Hitzetief wird die kühle, feuchte, ozeanische Luftmasse regelrecht vom Hitzetief angezogen, sodass diese sich von der Küste auf der Ostseite der Kontinente Richtung Landeinwärts bewegt. Durch konvektiv klimatische Vorgänge kommt es über dem Festland zu kräftigen Regenschauern. Während sich diese Luftmassen weiter in das Landesinnere bewegen, weg von der Küste, wird die Luft durch Niederschläge trockener. Somit wird der Niederschlag geringer. Dieser klimatische Vorgang erklärt den hohen Niederschlag im Sommer in den Immerfeuchten Subtropen (vgl. Schultz 2008, S. 247).

Aufgrund von Kältelufteinbrüchen im Winter auf der Nordhalbkugel, die in Zentralasien und Nordamerika ein Kältehoch bilden, treten die winterlichen Niederschläge auf. Dieser kommt nur selten als Schnee auf den Erdboden auf, bzw. es bleibt in der Regel keine Schneedecke. Durch den Einfluss der kontinental arktischen Kaltluft sinken auf der Ostseite der Kontinente die Temperaturen kurzzeitig stärker ab, als auf der Westseite der Kontinente. Da diese Klimaerscheinung nur von kurzer Dauer ist, bleibt die mittele Monatstemperatur weiterhin über +5 °C. (vgl. Schultz 2008, S. 247). Grundsätzlich können durch den ganzjährig hohen Niederschlag in dieser Ökozone Regenwälder wachsen. Außerhalb dieser Ökozone, auf denselben Breitengraden Richtung Westen, sind sonst eher Savannen, Wüste und Hartlaubwälder vorhanden (vgl. Schultz 2008, S. 246f).

Die Verbreitung der Vegetation innerhalb der Immerfeuchten Subtropen sind wegen der klimatischen Gegebenheiten unterschiedlich ausgeprägt. Auf der Luvseite der küstennahen Berghänge ist über das gesamte Jahr eine hohe Niederschlagsmenge. Deshalb sind dort Regenwälder vorhanden. Richtung landeinwärts, bedingt durch die Abnahme des

Niederschlags, sind neben den subtropischen Regenwäldern die halbimmergrünen Feuchtwälder oder immergrüne Lorbeerwälder vorhanden. Westlich davon kommen dann laubabwerfende Monsun- oder Trockenwälder. Subtropische Regenwälder haben auf den ersten Eindruck eine große Ähnlichkeit mit den Regenwäldern in den Tropen. Jedoch ist in den subtropischen Regenwäldern eine geringere Artenanzahl vorhanden. Die Lorbeerwälder sind im Vergleich zu den subtropischen Regenwäldern niedriger und haben eine geringere Artenanzahl (vgl. Schultz 2008, S.250).

Bedingt durch die klimatischen Gegebenheiten in dieser Ökozone hat sich der Mensch die guten klimatischen Voraussetzungen zunutze gemacht und aus großen Teilen der Immerfeuchten Subtropen Kulturlandschaften gebildet. Denn durch das vorherrschende Klima lassen sich mehrjährige wärmeliebende Nutzpflanzen anbauen, die leichtem Frost widerstehen (vgl. Schultz 2008, S. 255).

4.7 Tropische und subtropische Trockengebiete

Zu den tropischen und subtropischen Trockengebieten gehören Wüsten, Halbwüsten, sowie die semiariden Übergangszonen (Ökotone) zu den Nachbarzonen, in denen ein höherer Niederschlag vorhanden ist. Hierzu zählen die sommerfeuchte Dornsavanne und Dornsteppen im Übergangsbereich zu den Sommerfeuchten Tropen bzw. Immerfeuchten Subtropen und die Winterfeuchten Gras- und Strauchsteppen im Übergangsbereich zu den Winterfeuchten Subtropen (Abbildung 27). Die gesamte Fläche umfasst 31 Mio. km², welche 20,8% der Festlandsfläche entspricht (vgl. Schultz 2008, S. 260).

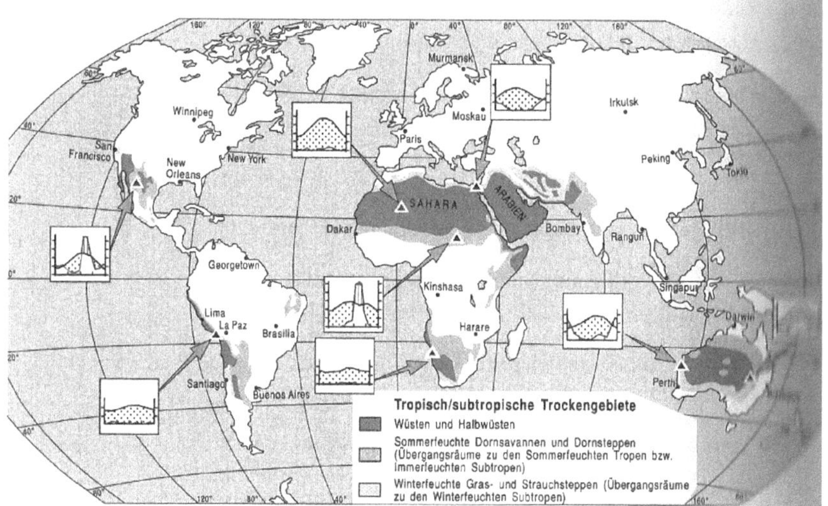

Abb. 27: Tropische/subtropische Trockengebiete (Quelle: Schultz 2008, S. 260)

Fast alle tropischen und subtropischen Trockengebiete kommen durch die planetarische Luftzirkulation zu Stande. Die meisten heißen Trockengebiete liegen auf dem südlichen und/oder nördlichen Wendekreis, an dem der subtropisch-randtropische Hochdruckzellengürtel verläuft. Die Luft, die sich vom Äquator Richtung Wendekreis bewegt, wird durch das Abregnen trocknen und enthält keinen Wasserdampf mehr, wenn die Luft beim Wendekreis angekommen ist (vgl. Schultz 2008, S. 261).

Da es kaum zu Wolkenbildungen kommt, haben die Subtropischen und Tropischen Trockengebiete eine höhere jährliche Sonneneinstrahlung (Globalstrahlung), als sonst auf gleichem Breitengrad in den Immerfeuchten oder Sommerfeuchten Tropen. Die Sonnenstrahlen, die auf diese Ökozone auftreffen, werden unmittelbar reflektiert. Generell haben Trockengebiete einen höheren Albedo, rund 25 bis 30%, als humide Gebiete, mit einigen Ausnahmen. Es kann jedoch trotzdem zu einer starken Erhitzung der Landoberfläche kommen. Dies kann durch die Umwandlung der absorbierten Strahlungsenergie in fühlbare Wärme geschehen. Außerdem muss die Wärmeleitfähigkeit und Wärmekapazität der Böden gering sein, so dass die Energie auf den obersten Zentimetern des Bodens auftritt. Durch die hohe Temperatur auf der Bodenoberfläche ist auch eine hohe Wärmeabstrahlung vorhanden, die die bodennahen Schichten besonders stark erhitzt (vgl. Schultz 2008, S. 262). In der Nacht kann sich die Temperatur stark verändern: Weil die Luft keinen hohen Feuchtegehalt aufweist, gibt es fast keine atmosphärische Wärmerückstrahlung. Da diese atmosphärische Wärmerückstrahlung in der Nacht kaum wie nicht vorhanden ist, aber die Wärmeabstrahlung weiterhin vorhanden ist, kühlen sich die bodennahen Schichten stark ab (vgl. Schultz 2008, S. 262f).

Knapp 3/5 der Tropischen und Subtropischen Trockengebiete sind von Wüsten und Halbwüsten bedeckt. Die semi-ariden Randsäume sind durch den Niederschlag zu unterscheiden, ob nämlich (1.)Winter- oder (2.)Sommerregen herrscht. Somit eine Einteilung in die (1.)Gras- und Strauchsteppen der mediterranen Subtropen und die (2.) Dornsteppen und Dornsavannen der Subtropen bzw. Tropen (vgl. Schultz 2008, S. 269). Die Einteilung erfolgt auch nach der Niederschlagsmenge, wie das in Abbildung 28 veranschaulicht wird.

Tab. 13.1. Die äußeren Grenzen und Unterteilungen der Tropisch/ subtropischen Trockengebiete in Abhängigkeit von den Jahresniederschlägen (zu den Lagebeziehungen vgl. Abb. 13.5).

	der Grenze zwischen	entspricht ein Jahres- niederschlag (mm) von etwa
Äquatorwärts	Wüste – Halbwüste	125
	Halbwüste – Dornsavanne	250
	Dornsavanne – Trockensavanne *(Sommerfeuchte Tropen)*	500
Polwärts	Wüste – Halbwüste	100
	Halbwüste – Winterfeuchte Steppen	200
	Winterfeuchte Steppen – Hartlaub-Strauchformationen *(Winterfeuchte Subtropen)*	300

Abb. 28: Die äußeren Grenzen und Unterteilungen der Tropischen/subtropischen Trockengebiete in Abhängigkeit von den Jahresniederschlägen (Quelle: Schultz 2008, S. 261)

Die Gras- und Strauchsteppen schließen sich polwärts an die Tropischen und Subtropischen Halbwüsten und Wüsten an, wo sie an die Winterfeuchten Subtropen grenzen. Die Tropischen Dornsavannen schließen sich äquatorwärts im Übergangsbereich zu den Savannen der Sommerfeuchten Tropen an. Die subtropischen Dornsteppen befinden sich östlich der subtropischen Wüsten und Halbwüsten im Übergangsbereich zu den Immerfeuchten Subtropen. Von diesem Standpunkt aus gehen sie äquatorwärts in Dornsavannen über (vgl. Schultz 2008, S. 269f).

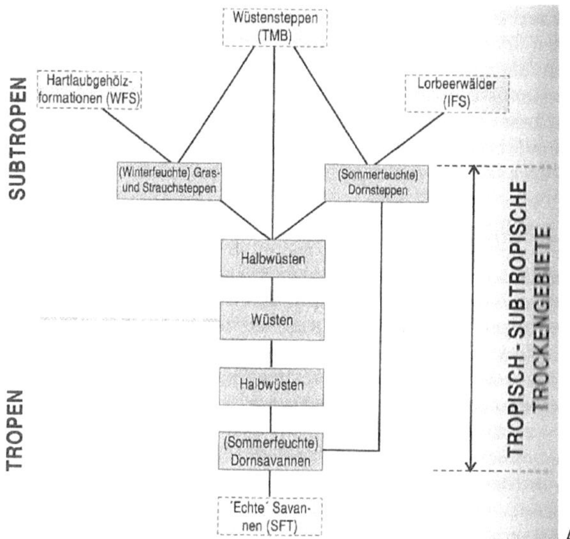

Abb. 29:

Vegetationsgliederung der Tropischen und subtropischen Trockengebiete in der Nordhemisphäre (Quelle: Schultz 2008,S. 270)

Anhand der oben genannten Vegetationsmerkmale sowie der Verbreitung, lassen sich die Subtropischen und Tropischen Trockengebiete, wie in Abbildung 29 zu sehen, einfach veranschaulichen.

Um die Formationstypen zu unterteilen, wird der Deckungsgrad der perennen Vegetation (Ausdauernde Lebensformen, viele Jahre lebend) sowie dem Vorkommen und der Verteilung von Bäumen vorgenommen (vgl. Walter, H., Breckle, S.-W. 1999, S. 244). Für Wüsten und Halbwüsten gilt die Obergrenze beim Deckungsgrad des Graswuchses bei 50%. Es können vereinzelnd Bäume auftreten, die jedoch nur am Fuß von Bergländern zu finden sind. Ein Merkmal der Halbwüste ist, dass die Verteilung von krautigen Pflanzen und Zwergsträuchern annähernd gleichmäßig (diffus) ist.

Von einer Wüste spricht man, wenn eine große zusammenhängende Fläche keine Dauervegetation hat. Um eine kontrahierte Vegetation handelt es sich, wenn weniger als 10% der Fläche durch Pflanzen unregelmäßig (kontrahiert) bedeckt wird. Bei einem Deckungsgrad von über 50% spricht man von den Steppentypen bzw. Dornsavannen. Für diese Vegetation ist es charakteristisch, dass sich Bäume zu einem clusterhaften Muster anordnen bzw. zu einem flächenhaften Verteilungsmuster ausbreiten (vgl. Schultz 2008, S. 270).

4.8 Sommerfeuchte Tropen

Die Gebiete der Sommerfeuchten Tropen befinden sich zwischen den Regenwäldern am Äquator und den Tropischen und subtropischen Trockengebieten bei den Wendekreisen. 25 Mio. km² beträgt die Gesamtfläche dieser Ökozone. Dies sind 16% der Festlandsfläche auf der Erde. Um die Gebiete der Sommerfeuchten Tropen von den Trockengebieten deutlich abgrenzen zu können, werden Gebiete mit einem jährlichen Niederschlag von unter 500 mm und weniger als 5 humiden Monaten im Jahr ausgeschlossen.   Dadurch werden die Dornsavannen nicht mit einbezogen (vgl. Schultz 2008, S. 291f) (Abbildung 30).

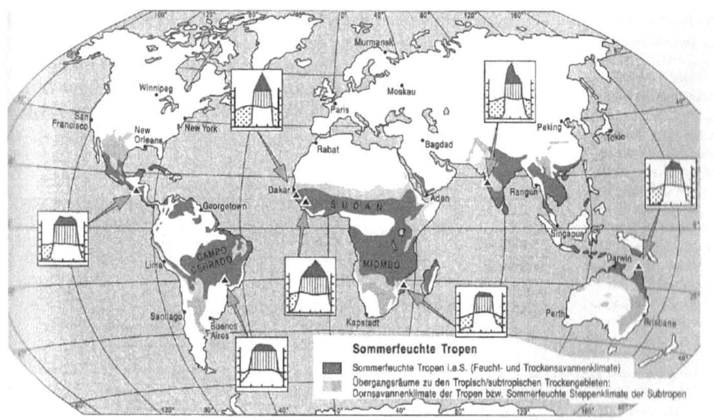

Abb. 30: Sommerfeuchte Tropen (Quelle: Schultz 2008, S. 291)

Die Pflanzenformationen in den Sommerfeuchten Tropen werden zum Oberbegriff "Savannen" zusammengefasst. In der Savannenzone, der Terminus für dieses Gebiet auf der Erde, wird noch eine Untergliederung durchgeführt. Diese Untergliederung ergibt sich durch die Messung von der Dauer und Ergiebigkeit der Regenperioden (vgl. Schultz 2008, S. 292). Anhand dieser Kriterien, wie in der Abbildung 31 zu sehen ist, wird die Savannenzone in Feuchtsavannen und Trockensavannen untergliedert.

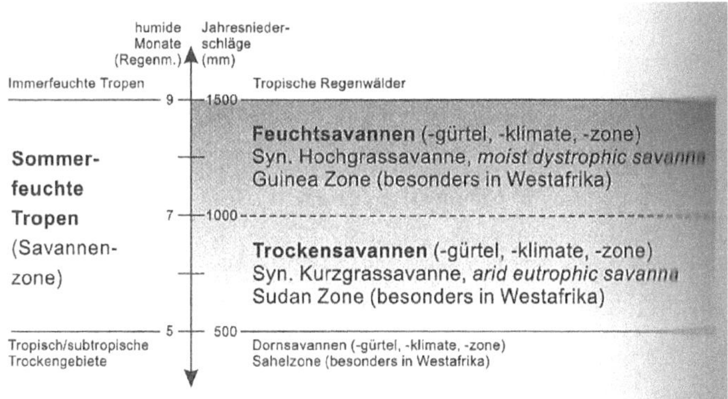

Abb. 31: Unterteilung der Sommerfeuchten Tropen (Quelle: Schultz 2008, S. 292)

Durch die unterschiedlichen Regenperioden der Savannen kommt es zu einer unterschiedlichen Ausprägung von Vegetation, worauf noch später eingegangen wird.

Die innertropische Konvergenzzone, Monsune und Passate sind für das Klima in den Sommerfeuchten Tropen verantwortlich (vgl. Richter 2001, S. 257). Die winterliche Trockenzeit dauert 2,5 bis 7,5 Monate. In der Regenzeit, den Regenmonaten, kommt es zu einem mittleren Jahresniederschlag von 500 bis 1500 mm (vgl. Schultz 2008, S. 294). Ein wichtiges klimatisches Merkmal der (Sommerfeuchten) Tropen ist das Fehlen der thermischen Jahreszeiten (vgl. Richter S. 238). Es liegt ein ausgeglichener Temperaturgang über das Jahr verteilt vor. Dies kommt durch die positive Strahlungsbilanz und den kaum kühlenden Einfluss während der Regenzeit. Die Monatsmittel betragen meist über +18 °C und sind über das Jahr gleichmäßig. Die mittleren Monatsmaxima können vor der Regenzeit sogar über 40 °C hochgehen. Im Sommer kommt zu einer ausgiebigen Regenzeit (vgl. Schultz 2008, S.293f)

Das Merkmal aller Savannen ist die geschlossene Grasdecke. Die Deckungsgrade von Bäumen sind zum Teil sehr unterschiedlich. Dies kommt nicht durch die Standortfaktoren, sondern durch den anthropogenen Einfluss, wie zum Beispiel durch die Schaffung von Kulturlandschaft (vgl. Schultz 2008, S. 303).

Mit dem klimatischen Standortfaktor Niederschlag kann man jedoch auf die Höhe des Graswuchses Bezug nehmen, wie in Abbildung 31 zu sehen: Die **Feuchtsavannen** werden auch als Hochgrassavanne bezeichnet, da die Grashöhe meist größer als einen Meter ist.

Die **Trockensavannen** werden auch Kurzgrassavannen bezeichnet, da dort die Grashöhe meist unter 80 cm liegt (vgl. Schultz 2008, S. 303). Während der Trockenzeit reagieren Bäume wegen der Trockenheit mit Blattabwurf. Bei den Gräsern und Kräuter sterben die oberirdischen Sprossteile ab. Die Photosynthese wird drastisch reduziert. Dieses Phänomen ist mit den Feuchten Mittelbreiten in der Winterzeit vergleichbar, jedoch passiert es dort aus anderen Gründen (z. B. Temperaturabnahme) (vgl. Schultz S. 185f, 304).

4.9 Immerfeuchte Tropen

Die Immerfeuchten Tropen sind hauptsächlich äquatorial verbreitet. Das Ausmaß der Immerfeuchten Tropen ist, durch den winterlichen Passatregen oder monsunale Niederschläge beeinflusst, zwischen dem 20° nördlicher und südlicher Breite. Die Immerfeuchten Tropen sind in hauptsächlich in Mittel- und Südamerika, Zentralafrika und Südostasien verbreitet (siehe Abbildung 32). Die Gesamtfläche dieser Ökozone beträgt 12,5 Mio. km², dies entspricht einem Festlandanteil von 8,4% (vgl. Schultz 2008, S. 320).

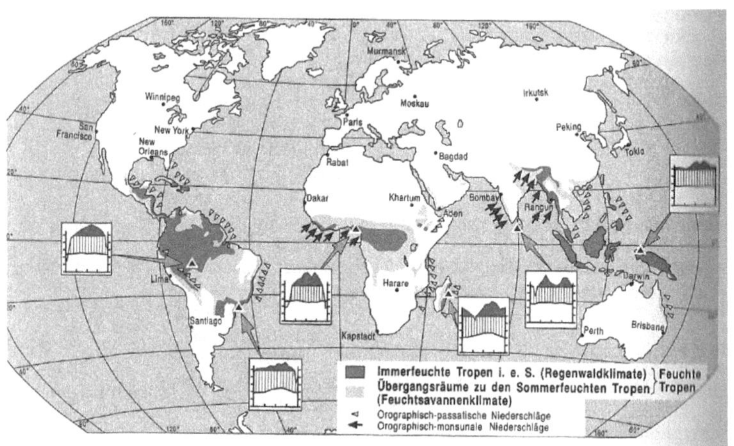

Abb. 32: Immerfeuchte Tropen (Quelle: Schultz 2008, S. 320)

Klimatisch betrachtet haben die Immerfeuchten Tropen stark ausgeprägte Merkmale, zum Beispiel die nahezu gleichbleibende Temperatur über das Jahr verteilt (Isothermie) und fehlende Trockenzeiten. Daraus lässt sich schließen, dass in den Immerfeuchten Tropen keine spürbaren Jahreszeiten vorhanden sind (vgl. Richter 2001, S. 294). Der Tag-/Nachtzyklus dauert über das ganze Jahr 12 Stunden am Tag. Die Strahlungsbilanz fällt ebenfalls positiv aus. Das ganze Jahr über beträgt die Temperatur 25 bis 27 °C. Dieses gleichbleibende Klima nennt man Isothermie (vgl. Schultz 2008, S. 321).

Im Verlauf des Jahres gibt es zwei Regenzeiten, im April und im Oktober. Außerhalb dieses Zeitraums ist die Niederschlagsmenge niedriger. Grundsätzlich beträgt die durchschnittliche Niederschlagsmenge in den Immerfeuchten Tropen 2000 bis 4000 mm im Jahr. Die Intensität der Niederschläge ist sehr stark, das heißt, dass an einem Tag durch meist kurze kräftige Gewitterschauer auch 50 mm Niederschlag vorkommen können. Es kann auch durch klimatische Phänomene vorkommen, dass Niederschläge für einen kurzen Zeitraum nicht auftreten. Diese Zeitspanne beläuft sich auf maximal 3 Monate im Jahr (vgl. Schultz 2008, S. 321).

In den Immerfeuchten Tropen ist das ganze Jahr über eine starke Bewölkung vorhanden. Durch die klimatischen Gegebenheiten (z. B. Hohe Temperatur und Niederschläge) ist ein hoher Wasserdampfgehalt in der Luft. Durch diese beiden Merkmale kommt es zu einem hohen Anteil der diffusen Strahlung an der Globalstrahlung (40%). Dies ist der höchste Anteil unter allen Ökozonen. Das meiste der einfallenden Strahlung wird zur Verdunstung genutzt, diese wird sozusagen als Verdunstungswärme transferiert(vgl. Schultz 2008, S. 321).

Bemerkenswert ist, dass durch Evapotranspiration im Jahr verteilt über 1000 mm Wasser verdunstet werden. Diese Menge wird von keiner anderen Ökozone, oder Ozean, übertroffen. Der Grund dafür ist die große (evaporierende und transpirierende) Oberfläche des Regenwaldes. Das heißt die Verdunstung des Wassers vom Boden und offenen Wasserflächen (Evaporation) und das Wassers, dass durch Organismen ausgeschieden wird und von ihrer Oberfläche verdunstet (Transpiration) (vgl. Gebhardt et al. S. 573). Außerdem kommt es durch den hohen Wassernachschub aus dem Boden, bedingt durch die Baumwurzeln, sowie durch die hohe verfügbare Energie, die für die Verdunstung des Wassers benötigt wird (vgl. Schultz 2008, S. 322).

Durch die hohe Dichte des Kronendachs wirkt sich das Klima negativ auf die klimatischen Verhältnisse im Waldesinneren (unter den Kronendächern), das sogenannte Klima des Stammraumes, aus: Da das Kronendach eine hohe Dichte besitzt, kommt nur ein Bruchteil des Sonnenlichts, 1-3%, an den Boden. Das geringe Vorstoßen der infraroten Strahlungsenergie auf den Waldboden schränkt unter anderem die Samenkeimung ein. In der Nähe des Waldbodens ist eine hohe relative Luftfeuchte vorhanden, und zwar über das ganze Jahr verteilt, von 90 bis 100%. Dadurch kommt es zur Einschränkung der Transpiration der Pflanzen. Außerdem gelangt der Wind nur geschwächt unterhalb des Kronendachs. Dies führt zur Anhäufung von Kohlendioxid, dass durch Zersetzungsvorgänge des Bodens und der Bodenstreu entsteht (vgl. Schultz 2008, S. 322f).

Durch die günstigen klimatischen Verhältnisse geschieht das Pflanzenwachstum während des gesamten Jahres (immergrüne tropische Regenwald) (vgl. Klink, H.-J. 2008, S. 233). Auch wenn in kurzen Zeitabschnitten im Jahr die klimatischen Bedingungen nicht mehr ideal sind, ist trotzdem ein gewisses Pflanzenwachstum vorhanden, wenn auch nicht mehr im gleichen Ausmaß (vgl. Schultz 2008, S. 321).

Generell hat der tropische Regenwald besondere Merkmale, ohne Bezug auf die Sonderformen (z. B. Sumpfwälder) zu nehmen: Es ist eine enorme Artenfülle vorhanden. Alleine in den Regenwäldern in Indonesien sind es 45. 000 Arten (vgl. Klink, H.-J. 2008, S. 233). Mehr als 33% aller Pflanzenarten auf der Erde befinden sich in den Immerfeuchten Tropen (vgl. Schultz 2008, S. 329). Rund 70% der Arten gehören zu den Laubbäumen. Gefolgt davon treten Lianen und Epiphyte in einer Masse auf, wie es nur in den Immerfeuchten Tropen der Fall ist (vgl. Pott 2005, S. 578). Was genau diese beiden Pflanzenarten ausmacht, wird im Folgenden näher beschrieben.

Lianen sind dort mehr vertreten, als in irgendeiner anderen Ökozone. Beachtlich ist, dass ungefähr 90% der Lianenarten in den tropischen Regenwäldern vorhanden sind. Lianen nutzen Bäume, um durch einen geringen Aufwand bis zu den Baumkronen hoch zuwachsen, um die Globalstrahlung zu bekommen.

Epiphyten wachsen auf Bäumen oder Ästen und haben keine Verbindung mit dem Erdboden. Die Aufnahme von Wasser erfolgt nur direkt durch Regenwasser (vgl. Schultz 2008, S. 331). Dazu gehören zum Beispiel Orchideen, Farne, Moose und Flechten. Zum Beispiel haben die Orchideen als Überlebensstrategie eine Art von Wasserspeicher, um Regenwasser speichern zu können (vgl. Pott 2005, S. 581).

Um die Merkmale eines tropischen Regenwaldes zu verdeutlichen, kann anhand der Abbildung 33 dies nachvollzogen werden. Man sieht ein Seitenprofil des sommergrünen Waldes (links) im Vergleich zu einem tropischen Regenwald (rechts). Auffallend ist die enorme Wuchshöhe sowie der mehrschichtiger Aufbau und die hohe Dichte von Bäumen. Außerdem fällt auf, dass eine geringere Durchwurzelungstiefe in den tropischen Regenwäldern im Vergleich zu einem sommergrünen Wald vorhanden ist (vgl. Schultz 2008, S. 329f).

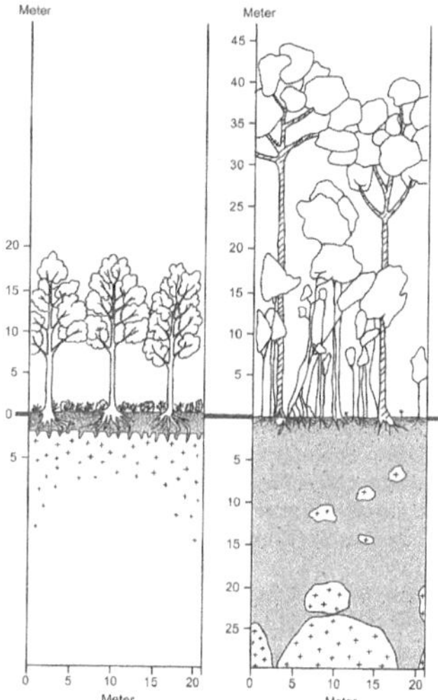

Abb. 33: Schematische Profile eines sommergrünen Waldes (links) und eines tropischen Regenwaldes (rechts) (Quelle: Schultz 2008, S.330)

Die Immerfeuchten Tropen haben eine eigene Vegetationsdynamik. Genauer betrachtet besteht der Regenwald aus einem Mosaik, unterteilt in mehrere Mosaikstücke, welche verschiedene alte Bestände aufweisen. Die verschiedenen Mosaikstücke unterscheiden sich in Flora, Fauna, Struktur, Vorräten und einigen anderen Merkmalen. Wichtig ist zu erwähnen, dass, egal in welcher Phase sich der Bestand befindet, sich dieser immer in der Entwicklung befindet, was mit Hilfe der Abbildung 34 erläutert werden soll (vgl. Schultz 2008, S. 330).

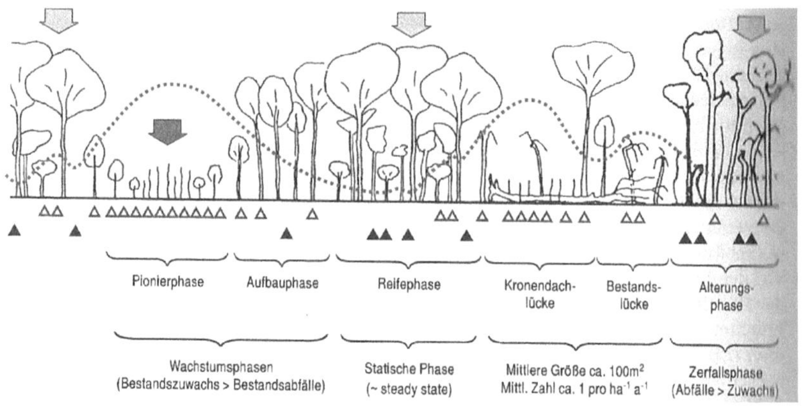

Abb. 27: Schematische Darstellung der Entwicklungsphasen in den Immerfeuchten Tropen Schultz 2008, S. 334 nach Oldeman 1989, verändert, S. 3-21)

Die verschiedenen Phasen sind auch gleichzeitig ein Indiz für das Alter des Bewuchses. Die Pionierphase beginnt damit, dass durch das Umstürzen von Bäumen Lichtungen entstanden sind. Jedes Stück des gesamten Mosaiks (Mosaik: Gebiet mit allen Phasen) stellt die Phasen bzw. das Alter dar. Die einzelnen sogenannten Mosaikstücke laufen durch, wenn kein negativer äußerer Einfluss kommt, alle vier Phasen. Bei den unterschiedlichen Phasen kommt es jeweils zu unterschiedlichen Lichtverhältnissen am Boden, die in der Grafik die punktierte Linie darstellt. Die blauen Dreiecke symbolisieren Pflanzenarten, die lichtbedürftig sind. Diese können sich besonders in der Pionierphase und zwischen der 3. Und 4. Phase, wenn durch umstürzende Bäume Kronendachlücken bzw. auch Bestandslücken ergeben, ausbreiten. Die schwarzen Dreiecke dagegen symbolisieren Schatten-tolerante Pflanzenarten. Diese Pflanzenarten können sich dort verbreiten, wo der Baumbestand geschlossen ist, bzw. sich schon höhere Baumschichten ergeben haben, die wenig Licht durchlassen (vgl. Schultz 2008, S.334).

5. Fazit

Es hat sich gezeigt das ganz wesentliche Faktoren des Klimas das Wachstum einer Pflanze steuern. Dabei kommt den Faktoren Licht, Wärme und Niederschlag (Wasser) eine ganz besondere Bedeutung zu. Diese drei Hauptwachstumsfaktoren sind maßgeblich für die Biosphäre. Desweiteren führt die unterschiedliche Bestrahlung der Erde zur Ausbildung von Klimazonen, die mitunter erhebliche Unterschiede zeigen. Die Grenzen bei diesen sind zu mindestens bei benachbarten fließend. Allerdings je nach Betrachtungsweise auch sprunghaft, ja sogar radikal.

Literaturverzeichnis

Beierkuhnlein, C. (2007): Biogeographie. 1. Auflage, Verlag Eugen Ulmer – Stuttgart.

Bresinsky, A., **Körner**, C., **Kadereit**, J. W., **Neuhaus**, G., **Sonnewald**, U. (2008): Strasburger: Lehrbuch der Botanik. 36. Auflage, Spektrum Verlag – Heidelberg.

Di Castri, F., **Goodall**, D. W., **Specht**, R. L. (1981): Mediterranean-type shrublands. Ecosystems of the World 11. Elsevier – Amsterdam.

Frey, W., **Lösch**, R. (2010): Geobotanik – Pflanze und Vegetation in Raum und Zeit. 3. Auflage, Spektrum Verlag – Heidelberg.

Gebhardt, H., **Glaser**, R., **Radtke**, U., **Reuber**, P. (2011): Geographie: Physische Geographie und Humangeographie. 2. Auflage, Spektrum Verlag – Heidelberg.

Klink, H.-J. (2008): Vegetationsgeographie. 4. Auflage, Westermann Verlag – Braunschweig.

Lauer, W., **Bendix**, J. (2006): Klimatologie. 2. Auflage, Westermann Verlag – Braunschweig.

Leser, H. (2005): Wörterbuch Allgemeine Geographie. 13. Auflage, Diercke – Braunschweig.

Lundegardh, H. (1957): Klima und Boden – In ihrer Wirkung auf das Pflanzenleben. 5. Auflage, Gustav Fischer Verlag – Jena.

Oldeman, R. A. A. (1989): Dynamics in tropical rain forests. – In: L.B. Holm-Nielsen, I.C. Nielsen and H. Balselev (Hrsg.): Tropical Forests: Botanical Forests: Botanical Dynamics, Speciation, and Diversity. 3- 21.

Pott, R. (2005): Allgemeine Geobotanik Biogeosysteme und Biodiversität. Springer Verlag - Berlin.

Richter, M. (2001): Vegetationszonen der Erde. 1. Auflage, Justus Perthes Verlag – Gotha.

Schroeder, F.-G. (1998): Lehrbuch der Pflanzengeographie. 1. Auflage, Quelle & Meyer Verlag – Wiesbaden.

Schultz, J. (2008): Die Ökozonen der Erde. 4. Auflage, Eugen Ulmer Verlag – Stuttgart.

Walter, H., **Breckle**, S.-W. (1999): Vegetation und Klimazonen. 7. Auflage, Eugen Ulmer Verlag – Stuttgart.

Walter H. & **Breckle** S.W. (1991): Ökologie der Erde – Band 4 – Gemäßigte und Arktische Zonen außerhalb Euro-Nordasiens. 1. Auflage, Gustav Fischer Verlag – Stuttgart.

Walter, H., **Breckle**, S.-W. (1983): Ökologie der Erde – Band 1 – Ökologische Grundlagen in globaler Sicht. 1. Auflage, Gustav Fischer Verlag – Stuttgart.

Abbildungsverzeichnis